쉽게 따라 하는 코바늘 손뜨개 레슨

패브릭얀으로 만드는
37가지 가방

X-Knowledge 지음 | 김한나 옮김 | 정혜진 감수

지금이책

CONTENTS

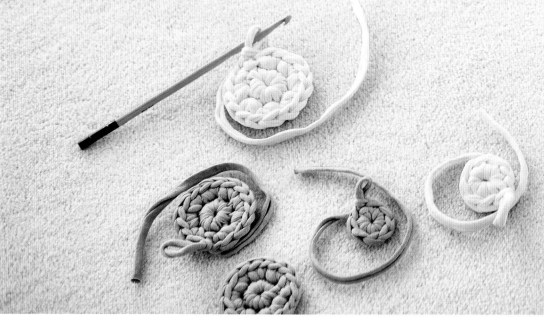

AD&디자인 : 구노 마리   디자인 : 아오야기 모모   촬영 : 야마구치 아키라   (53쪽)스즈키 노부유키   스타일링 : 가기야마 나미   모델 : 제시카
헤어 메이크업 : 나라이유미   만드는 방법 : 미시마 게이코

○ 이 책에서 사용한 실과 부자재의 제조회사 및 기업은 다음과 같이 표기했습니다.
실 : [D] DMC 주식회사
부자재 : [F] 후지큐 주식회사 [H] 하마나카 주식회사 [I] INAZUMA(우에무라 주식회사) [N] 니혼추코무역 주식회사 [S] 선올리브 주식회사

작품에 사용한 패브릭얀

주로 의류 원단을 업사이클해 만든 코튼 실이라서
부드럽고 기분 좋은 촉감이 매력적입니다.
올이 굵어 순식간에 뜰 수 있고 모양도 잘 흐트러지지 않아
가방 만들기에 적합해요.

1, 2: 즈파게티 *Hoooked Zpagetti*

의류 원단으로 만들기 때문에 트렌드를 반영한 색상과 무늬를 찾을 수 있다. 가장자리의 모양이 둥글고 두툼하며 굵기와 무게는 실타래마다 다르므로 만들고 싶은 작품에 맞춰서 선택하자. 총 20색, 1볼 약 800g(120m). **1** 단색 **2** 믹스 컬러

3, 4: 리본XL *Hoooked RIBBONXL*

즈파게티보다 가벼운 리본끈 모양의 납작한 실. 업사이클할 때 색상별로 다시 짜기 때문에 같은 색상의 실을 안정적으로 구입할 수 있다. 단색/총 26색, 1볼 약 250g(120m), 글리터/ 총 3색, 1볼 약 250g(80m). **3** 단색 **4** 글리터 컬러

5: 에코바르반테
Hoooked Eco Barbante Milano

업사이클 과정에서 만들어지는 일반 굵기의 코튼 실. 이 책에서는 태슬이나 프린지 등의 장식에 사용했다. 총 15색, 1볼 약 50g(50m).

바늘과 게이지

만드는 방법을 따라 똑같이 떠도 사용하는 코바늘에 따라 편물의 크기가 달라집니다.
편물의 크기를 게이지라고 하며 일반적으로 10㎝×10㎝ 크기로 떴을 때
안에 들어가는 콧수, 단수로 표시합니다.
코바늘의 호수가 커질수록 편물이 커지며,
호수가 작으면 뜨개코가 촘촘해서 편물이 튼튼해집니다.

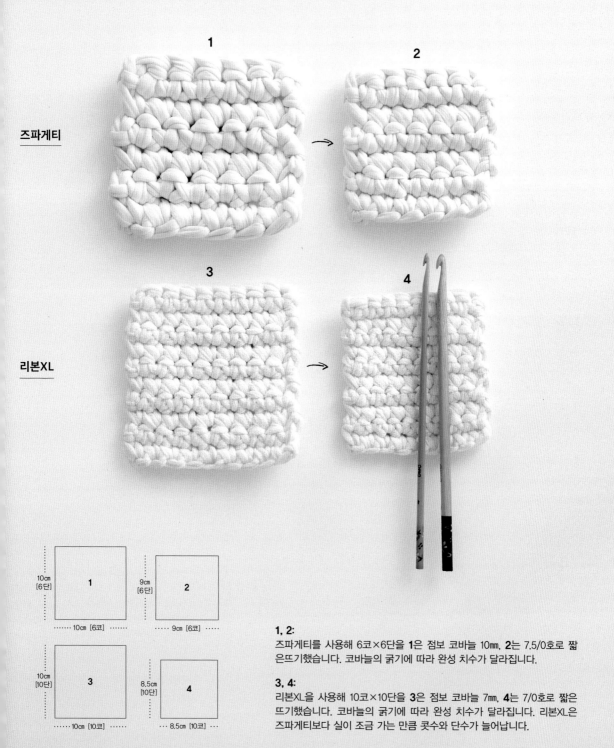

1, 2:
즈파게티를 사용해 6코×6단을 **1**은 점보 코바늘 10㎜, **2**는 7.5/0호로 짧은뜨기했습니다. 코바늘의 굵기에 따라 완성 치수가 달라집니다.

3, 4:
리본XL을 사용해 10코×10단을 **3**은 점보 코바늘 7㎜, **4**는 7/0호로 짧은뜨기했습니다. 코바늘의 굵기에 따라 완성 치수가 달라집니다. 리본XL은 즈파게티보다 실이 조금 가는 만큼 콧수와 단수가 늘어납니다.

시작코 타입

이 책에서 소개하는 가방은 주로 A~C의 방법으로 시작코를 뜹니다.
이 세 가지 방법은 가방 바닥 모양에 따라 구분해서 사용합니다.

TYPE : *A*

원형뜨기로 만드는 시작코
LESSON : 13쪽

실로 원을 만들고 중심에서 원을 그리듯이 뜹니다. 단마다 콧수를 늘리면 지름이 커집니다.
가방 바닥 모양 : 원형

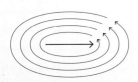

TYPE : *β*

사슬뜨기로 만드는 시작코
LESSON : 34쪽

사슬코 양쪽을 주워서 시작코를 뜹니다. 사슬의 길이에 따라 바닥 폭이 달라집니다.
**가방 바닥 모양 :
타원형, 직사각형**

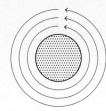

TYPE : *C*

바닥판을 사용하는 시작코
LESSON : 19쪽

시중에서 판매하는 가방용 바닥판을 사용해 시작코를 뜹니다. 바닥을 떠야 하는 수고를 덜어 A, B보다 쉽게 뜰 수 있고 실의 양도 적게 들기 때문에 완성한 작품의 무게가 가볍습니다. 바닥판의 종류로는 원형과 타원형, 사각형이 있습니다.

가방 바닥 모양 : 바닥판 모양

실의 특징과 시작코 타입 세 가지를 익혀서 마르셰백과 핸드백을 만들어봅시다.

Marché Bag
마르셰백

가장 사용하기 편한 마르셰백은 반복해서 얼마든지
만들고 싶은 기본적인 가방이에요.
기본 모양 뜨기를 터득한 다음에는 계절이나 스타일링에 맞춰서
다양한 응용 버전을 만들어보세요.

01
지그재그 패턴 마르셰백

TYPE : *A*

YARN : 스파게티

몇 번을 만든 끝에 탄생한 기본 마르셰백은 둥그스름하고 부드러운 모양이
마음에 쏙 들어요.
두 가지 색상을 배색한 지그재그 패턴으로 스타일의 폭을 넓혀보세요.

SIZE : 지름 13.2㎝×높이 19㎝
DESIGN : 지바 다카에
HOW TO MAKE : 13p

02, 03
오르테가 패턴 마르셰백

TYPE : *C*

YARN : 스파게티

01의 기본형을 살려서 무늬가 다른 마르셰백에 도전해보세요.
네 가지 색상의 스파게티로 뜨는 오르테가 패턴은 색이 늘어나는
만큼 배색의 즐거움을 만끽할 수 있어요.

SIZE : 지름 20㎝×높이 23㎝
DESIGN : 다케우치 쇼코
HOW TO MAKE : 58p

04 크로스 패턴 미니 마르셰백
05 스마일 패턴 마르셰백

TYPE : *C*

YARN : 스파게티

마르셰백은 여러 가지로 응용할 수 있어요!
바닥의 콧수를 달리하면 미니 마르셰백으로도
변신합니다.
글자나 기호를 넣어도 재미있어요.

SIZE 04 : 지름 15.6㎝×높이 20㎝
SIZE 05 : 지름 20㎝×높이 25㎝
DESIGN : 다케우치 쇼코
HOW TO MAKE : 60p, 62p

TYPE : *C*

YARN : 즈파게티

마르셰백에 필수적이라고 할 수 있는 프린지.
심플한 색상에 부피와 화려함을 더해줍니다.
07은 즈파게티가 아닌 면사를 사용한 프린지로
또 다른 느낌을 줬습니다.

SIZE 06 : 지름 15.6㎝×높이 20㎝
SIZE 07 : 지름 15.6㎝×높이 23.5㎝
DESIGN 06 : 다케우치 쇼코
DESIGN 07 : 오카자키 슈코
HOW TO MAKE : 64p, 66p

LESSON 마르셰백 뜨는 방법

시작코는 두 가지 타입 중에서 선택할 수 있습니다

실	즈파게티 [D] A실 : Black 1볼 B실 : White 2볼
바늘	코바늘 7.5/0호, 돗바늘
게이지	메리야스짧은뜨기 10코×9단(10cm×10cm)
완성 치수	지름 13.2cm×높이 19cm

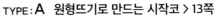

TYPE : A 원형뜨기로 만드는 시작코 > 13쪽

실로 원을 만들어 바닥부터 뜹니다. 전체를 실만 사용해서 만들 경우에는 이 타입으로 뜨세요. 콧수와 단수를 조정하면 원하는 크기로 만들 수 있습니다.

TYPE : C 바닥판을 사용하는 시작코 > 19쪽

시중에서 판매하는 바닥판(사진은 [H] 204-596-2)을 사용해 옆면부터 뜹니다. 바닥판 크기에 맞춰야 하지만 바닥을 떠야 하는 수고를 덜 수 있고 실의 사용량도 줄기 때문에 완성했을 때 무게가 A타입보다 훨씬 가볍습니다.

1. 바닥(TYPE : A)을 뜬다
실은 알아보기 쉬운 색을 사용했습니다.

바닥(1단)

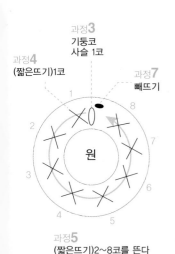

과정3
기둥코
사슬 1코

과정4
(짧은뜨기)1코

과정7
빼뜨기

원

과정5
(짧은뜨기)2~8코를 뜬다

MEMO 실을 잡는 방법

원을 만들어 교차 부분을 가운뎃손가락과 엄지손가락으로 누른다

실타래 쪽   실끝 ※15cm 정도 남긴다

1 A실(바탕색)로 원을 만들어 풀리지 않게 꾹 누른다. 바늘을 원 안에 넣는다.

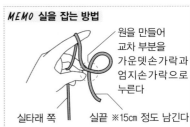

0 사슬뜨기

기둥코 사슬 1코

2 실을 바늘에 걸어서 원 안으로 빼낸다.

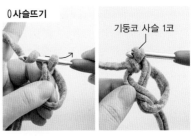

3 그 상태로 실을 걸어서 빼면 사슬 1코가 완성된다. 단의 맨 처음에 뜨는 사슬코를 '기둥코'라고 한다.

✕ **짧은뜨기**

빼낸 실

짧은뜨기

기둥코 사슬 1코

4 바늘을 원 안에 넣은 후 실을 걸어서 원 안으로 빼낸다.

다시 실을 걸어서 바늘에 걸려 있는 고리 두 개 사이로 한 번에 뺀다.

짧은뜨기 1코가 완성된다.

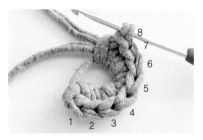
8
7
6
5
4
1 2 3

당긴다

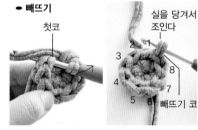
● **빼뜨기**

첫코

실을 당겨서 조인다

2 1
3
4
8
7
5 6 빼뜨기 코

5 4를 반복해서 원 안에 짧은뜨기 8코를 뜬다.

6 실끝을 잡아당겨서 중심의 구멍이 사라질 때까지 원을 꽉 조인다.

7 첫코의 짧은뜨기에 바늘을 넣고 실을 걸어서 한 번에 뺀다. 첫코와 8번째 코가 이어져서 원이 된다. 1단 완성.

바닥(2단)

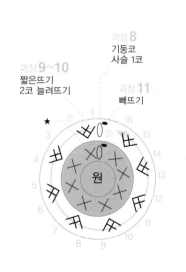
과정 8
기둥코
사슬 1코

과정 9~10
짧은뜨기
2코 늘려뜨기

과정 11
빼뜨기

원

★
2 1 16
3   15
4   14
5   13
6   12
7   11
8 9 10

아랫단의 첫코

기둥코 사슬 1코★

⚹ **짧은뜨기 2코 늘려뜨기**

★코머리(2가닥)를 줍는다

8 2단의 시작 부분은 1단과 마찬가지로 기둥코 사슬 1코를 뜬다.

9 첫코를 뜬다. 아랫단(1단)의 첫코★코머리를 주워서 실을 빼내고 짧은뜨기 1코를 뜬다. 2단부터 아랫단의 코머리를 줍는다.

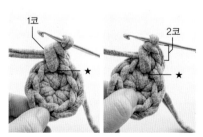
1코
★

2코
★

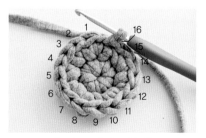
2 1 16
3   15
4   14
5   13
6   12
7   11
8 9 10

10 짧은뜨기 1코를 뜨면 다시 똑같은 코★를 주워서 짧은뜨기 1코를 뜬다. 이렇게 해서 같은 코★에 2코를 넣어 늘려떴다.

11 9, 10을 반복해서 아랫단(1단) 8코에 2코씩 늘려뜬다. 첫코에 빼뜨기해서 2단 완성.

바닥(3~6단)

③ 24코(+8코) ④ 32코(+8코)
⑤ 40코(+8코) ⑥ 48코(+8코)

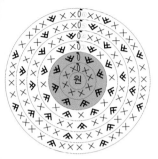

W 짧은뜨기 2코 늘려뜨기

12 각 단을 2단과 똑같은 요령으로 8코씩 코를 늘려서 3~6단을 뜬다. 바닥 완성. 콧수…③ 24코(1코 건너뛰어 코 늘리기) / ④ 32코(2코 건너뛰어 코 늘리기) / ⑤ 40코(3코 건너뛰어 코 늘리기) / ⑥ 48코 (4코 건너뛰어 코 늘리기)

(안) 세 번 정도 끼워 넣는다

13 옆면을 뜨기 전에 실끝을 처리한다. 실을 돗바늘에 꿰고 중심에서 바깥쪽으로 코를 떠서 실을 끼워 넣는다. 남은 실을 잘라낸다. **돗바늘은 점보 사이즈를 사용하자.**

2. 옆면(배색 무늬)을 뜬다

14 바닥에서 계속해서 옆면(7~9단)을 뜬다. 각 단마다 4코씩 늘리므로 9단에서 60코가 된다.

B실
(실끝은 15cm 정도)

실끝은 진행 방향으로 꺾어 감싸서 뜬다

15 10단부터는 배색 무늬를 뜬다. 두께가 일정해지도록 단 시작 부분에서 배색용 B실을 연결하여 기둥코 사슬 1코를 뜬다. B실이 감싸이듯 떠진다. **첫코부터 무늬가 시작될 경우에는 아랫단 마지막 코의 빼뜨기에서 배색용 실을 연결한다(과정**17**과 같다).**

옆면(7~20단)

⑦ 52코(+4코) / ⑧ 56코(+4코) / ⑨ 60코(+4코) / ⑩~⑳ 60코

☐ B실 ※그 외에는 A실(바탕색)

무늬 끝

(배색 무늬 차트)

40   30   20   10 9 8 7 6 5 4 3 2 1

⊠ 메리야스짧은뜨기

과정**15~16**
배색 무늬

A
⊗ 메리야스짧은뜨기

바늘은 B실 밑으로

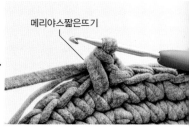

메리야스짧은뜨기

16 무늬는 전부 메리야스짧은뜨기로 뜬다. 바늘을 아랫단(9단) 코 다리 사이에 넣고 실을 걸어서 빼낸다.

다시 실을 걸어서 한 번에 뺀다.

메리야스짧은뜨기 1코를 떴다. 코를 나누듯이 뜨기 때문에 V자가 예쁘게 나타나서 패턴을 표현하기에 적합하다.

B A
⊗ ⊗

쉽게 하는 A실 밑으로 바늘을 빼낸다

B B B A
⊗⊗⊗⊗

B실(뜨고 있는 실)

A실
(다음 실)

17 그다음에 B실로 1코를 뜬다. 쉬게 히는 A실은 옆으로 걸처 갑싸서 뜬다.

B실로 2코를 뜨고, 사진은 3코째의 마지막으로 실을 빼내는 모습. 이때 다음에 사용할 A실로 빼서 실을 바꾼다.

A실(다음 실)

B실
※실끼리 엉킬 경우에는 앞쪽에 놓는다

A B B A A
⊗⊗⊗⊗⊗

A실(다음 실)

다음의 A실을 손가락에 걸고 바늘에 걸어서 빼낸다. B실은 손가락에서 벗겨 쉬게 한다.

A실로 바뀌었다. 쉬게 한 B실을 감싸서 1코를 뜬다. A실→B실로 바꿀 경우에도 1코 앞에서 마지막으로 실을 뺄 때 똑같은 방법으로 한다.

배색 무늬에 적합한 실을 선택하는 방법

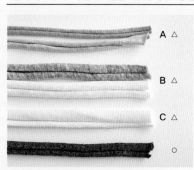

A △

B △

C △

○

여러 가지 실을 사용하는 배색 무늬에는 실 선택이 특히 중요합니다.

A : 너무 얇아서 제대로 감싸서 뜰 수 없다.
B : 너무 굵어서 뜨기 힘들다.
C : 피케 원단이라서 잘 늘어나지 않아 뜨기 힘들다.

사용하는 실은 굵기가 일정해지도록 비슷한 굵기의 적당한 실을 준비합니다. 다만 똑같은 타래로 뜨는데 도중에 실의 굵기가 달라지는 경우에는 다음과 같이 대처하면 좋습니다.

뜨는 도중에 실이 굵어질 경우

둥글어진 가장자리를 펴서 세로로 잘라 실의 폭을 좁게 합니다.

18 실을 바꿔 넣고 감싸서 뜨며 16단까지 무늬를 뜬다. 무늬 끝부분에서 오른쪽 그림처럼 실 처리를 한 후 17~20단은 다시 A실로 뜬다.

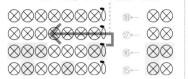
3. 손잡이를 뜬다

알아보기 쉽게 눈에 띄는 실을 사용했습니다.

19 아랫단에 이어서 A실로 21단의 기둥코 사슬 1코, 메리야스짧은뜨기 10코를 뜨고, 심이 되는 사슬 25코를 뜬다.

20 사슬 25코를 뜬 모습. 15코를 띄워서 다시 메리야스짧은뜨기한다.

21 20에서 바늘을 넣은 위치부터 메리야스짧은뜨기 15코→사슬 25코→(15코를 띄우고) 메리야스짧은뜨기 5코를 떠서 실을 뺀다.

손잡이(21 ~ 23단)

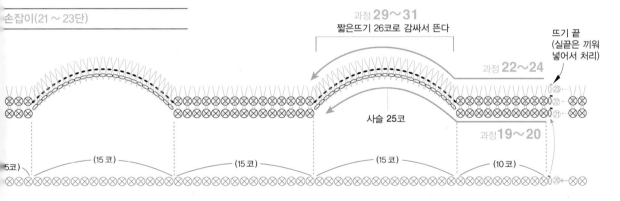

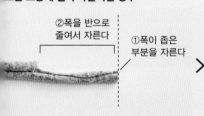

실을 걸어 뺀다

22 22단은 기둥코 사슬 1코, 메리야스짧은 뜨기 10코를 뜨고 아랫단 사슬코 안쪽의 코산을 주워 빼뜨기한다.

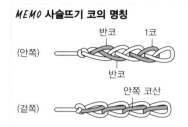

MEMO 사슬뜨기 코의 명칭

(안쪽)
반코 1코
반코

(겉쪽)
안쪽 코산

23 빼뜨기 1코를 한 모습.

24 계속해서 사슬코 안쪽의 코산을 주워 빼뜨기 24코를 뜬다.

25 메리야스짧은뜨기 15코→빼뜨기 25코→메리야스짧은뜨기 5코를 뜬다. 단의 마지막은 첫코로 실을 뺀다.

※알아보기 쉽게 눈에 띄는 실을 사용했습니다

26 마지막 단 23단을 뜬다. 기둥코 사슬 1코를 뜨고 3단 아래의 20단 첫코에 바늘을 넣는다.

27 실을 걸어서 3단 길이까지 빼낸 뒤 다시 실을 걸어 한 번에 뺀다. 21~22단이 감싸이듯 떠진다.

28 같은 방법으로 떠서 21~22단을 감싸 뜬다.

사슬코 밑으로 넣는다

29 계속해서 손잡이 사슬코를 감싸 뜬다. 바늘을 밑으로 끼워 넣고 실을 걸어서 빼낸다.

30 다시 실을 걸어서 한 번에 뺀다.

짧은뜨기 1코가 완성되고 손잡이 사슬이 감싸이듯 떠진다. 26코를 감싸서 뜨고 반대쪽도 같은 방법으로 뜬다. 마지막은 첫코로 실을 뺀다.

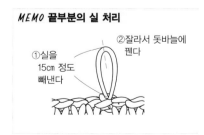

MEMO 끝부분의 실 처리

②잘라서 돗바늘에 꿴다
①실을 15cm 정도 빼낸다

바늘에 걸려 있는 실을 빼내 자른 뒤 돗바늘에 꿰어 안쪽으로 빼서 몇 번 끼워 넣는다.

TYPE : C 바닥판을 사용하는 시작코

마르셰백은 C타입으로도 만들 수 있습니다. 원하는 타입을 선택하세요.

실끝은 15cm 정도 남긴다

1 바늘을 바닥판(사진은 [H] 204-596-2 / 구멍 48개) 구멍에 넣고 실을 걸어 빼낸다. 바늘은 옆면보다 작은 7/0호를 추천한다.

2 다시 실을 걸어 한 번에 뺀다.

3 실을 뺀 모습. 이것이 옆면 1단의 기둥코 사슬 1코가 된다.

4 다시 한 번 바늘을 똑같은 구멍에 넣어서 실을 빼내고 짧은뜨기 1코를 뜬다.

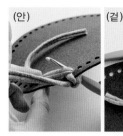

(안)　(겉)

Point 바닥판 안쪽에서는 바늘 진행 방향으로 실끝을 손가락으로 눌러 실끝을 감싸듯이 뜹니다.

5 다음 코는 옆 구멍에 바늘을 넣어서 짧은뜨기 1코를 뜬다.

6 똑같은 요령으로 구멍에 짧은뜨기한다. **코 늘림 표시가 있는 부분은 똑같은 구멍에 넣어 뜬다.**

7 둘레를 한 바퀴 뜨고 마지막은 첫코로 실을 빼면 옆면 1단 완성. **이후는 A타입의 옆면과 같은 방법으로 뜬다.**

좀 더 고급스럽게 만들고 싶을 때는 송곳으로 구멍을 뚫어서 바닥징을 달자(바닥징 부착 방법은 93쪽).

옆면(15쪽의 7단부터 시작)

과정 **1~4**
기둥코 사슬과 첫코를 똑같은 구멍에 뜬다
※첫코에 코 늘리기가 있는 경우에는 옆으로 옮긴다

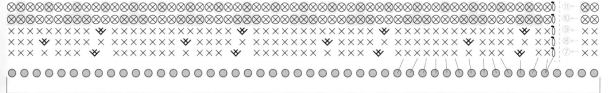

바닥판(구멍 48개)

IDEA NOTE 1
가방 액세서리

Fur
shoulder

08
퍼 어깨끈을 단
트라이벌 패턴 마르셰백

TYPE : C

YARN : 스파게티

스파게티는 일 년 내내 사용할 수 있는 소재가 매력적이지만
때로는 계절이나 상황에 맞춰서 디자인을 더해보는 것도 좋아요.
퍼 어깨끈을 다는 것만으로 평소 들고 다니던 마르셰백이
겨울용으로 변신합니다.

SIZE : 지름 15.6cm×높이 20cm
DESIGN : 지바 다카에
HOW TO MAKE : 68p

Tassel

가방 장식의 기본인 태슬도 좀 더 고급스럽게
만들어보세요.
장식적인 화려한 3단 태슬은 마르세백의 매력을
한층 더 끌어내는 만능 아이템입니다.

9쪽 마르세백의 겨울용 버전입니다.
퍼의 색은 가방에 맞춰서
회색을 선택했어요.

LESSON 태슬 만드는 방법

더블 태슬

끈의 양끝에 태슬을 단 더블 태슬은 실만으로 만들 수 있고, 적당한 부피감이 매력적입니다.

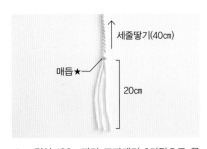

세줄땋기(40cm)

매듭★

20cm

1 길이 100cm짜리 스파게티 3가닥으로 끝을 20cm씩 남기고 세줄땋기한다(40cm). 끝은 각각 한 번 묶는다.

2 길이 35cm의 술용 실 5~10가닥(실의 굵기는 취향에 따라 결정할 것)을 준비한다.

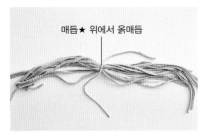

매듭★ 위에서 옭매듭

3 매듭 위를 중심으로 해서 끈을 둘러싸듯이 겹치고 매듭용 35cm짜리 실 1가닥으로 중심을 옭매듭으로 묶는다.

4 실을 전부 아래로 내려뜨린다.

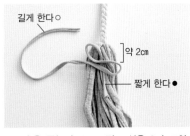

길게 한다○

약 2cm

짧게 한다●

5 술을 묶는다. 25cm 정도 실을 8자 모양을 그리듯이 올려놓는다.

통과시킨다

6 긴 쪽의 끝○을 두 바퀴 감고 위쪽 고리에 통과시킨다.

○

●

7 긴 쪽과 짧은 쪽의 실끝을 각각 위아래로 당겨서 조인다.

○

●

8 고리가 안으로 끌려들어간 모습.

9 튀어나온 양쪽 실끝을 가장자리에서 잘라낸다. 반대쪽 끝도 똑같은 방법으로 술을 달면 완성.

끈을 반으로 접어서 고리 속으로 양끝을 통과시켜 답니다.

싱글 태슬(왼쪽)/ 3단 태슬(오른쪽)

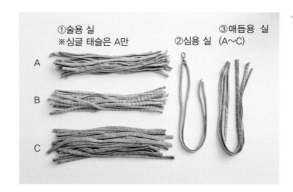

①술용 실
※싱글 태슬은 A만

②심용 실

③매듭용 실
(A~C)

A

B

C

걸고리(연결고리)에 달아서 늘어뜨리는 싱글 태슬은 가장 기본적인 타입입니다. 3단 태슬은 이를 응용해서 만듭니다.

1 ① A~C의 술용 실(길이 25cm), ② 걸고리에 통과시킨 A와 같은 실인 심용 실(길이 50cm), ③ A~C와 같은 실인 매듭용 실(길이 25cm)을 준비한다. ※A, B는 15가닥 정도, C는 1.2배 많은 20가닥 정도를 준비한다. 실의 굵기에 따라 가닥수를 조정하자.

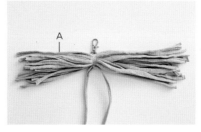

A

싱글 태슬 완성

심용 실

약 2cm

매듭용 실로 묶는다

2 심용 실로 A의 술용 실 중심을 옭매듭으로 묶는다

3 술을 아래로 내려뜨리고 위쪽을 8자로 묶는다(묶는 방법은 22쪽). 싱글 태슬의 경우 튀어나온 심용 실은 잘라낸다.

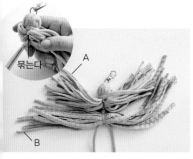

묶는다

A

B

묶는다

3단 태슬 완성

C

4 3단 태슬은 A의 매듭 부분에서 심용 실을 한 번 묶는다(왼쪽 위). 매듭 아래쪽에 B의 술을 겹쳐서 A와 똑같이 옭매듭으로 묶는다.

5 A와 똑같은 방법으로 B의 술을 만든다. B의 매듭 부분에서 심용 실을 한 번 묶는다.

6 B와 똑같은 방법으로 C의 술을 만든다. C의 매듭 부분에서 심용 실을 한 번 묶는다. 남은 실끝을 자르면 완성.

퍼 어깨끈 만드는 방법

페이크퍼 테이프 1.8m([S] FFT-6)
폭 3cm와 6cm가 있으며 색은 회색, 갈색, 검은색, 오프화이트가 있습니다.

1 폭 6cm짜리 테이프를 63cm 길이로 잘라서 속에 들어갈 어깨끈([I] HS-870S)을 한쪽에 포개놓고 글루건을 사용해 고정한다.

2 한꺼번에 작업하지 말고 손잡이와 테이프를 맞춰가며 조금씩 고정하자.

IDEA NOTE 2
마르셰백을 응용한 백

09 한길긴뜨기로 만드는 마르셰백
10 한길긴뜨기로 만드는 물병 주머니

TYPE : *C*

YARN : 스파게티, 리본XL

짧은뜨기보다 뜨개코가 큰 한길긴뜨기로 뜨면
빨리 뜰 수 있고 겉모습의 인상도 달라집니다.
단색으로 떴는데도 리드미컬한 분위기가 느껴지는 건
이랑뜨기로 줄무늬를 더했기 때문이에요.
작은 바닥으로 물병 주머니도 뜨면 외출용 세트가
완성됩니다.

SIZE 09 : 지름 20㎝×높이 21㎝
SIZE 10 : 지름 7㎝×높이 23㎝
DESIGN : 다케우치 쇼코
HOW TO MAKE : 70p, 81p

11 프린지를 단 버킷백
12 줄무늬 버킷백

TYPE : C
YARN : 스파게티

11

12

마르셰백 형태를 익힌 다음에는 버킷백을
만들어보고 싶을 거예요.
똑같이 원통 모양으로 뜬 뒤 윗부분에
끈을 끼우면 마르셰백과는 다른 매력이
느껴지는 버킷백이 완성됩니다.

SIZE 11 : 지름 15.6㎝×높이 22㎝
SIZE 12 : 지름 15.6㎝×높이 21㎝
DESIGN : 오카자키 슈코
HOW TO MAKE : 72p, 74p

13

14

마르셰백과 비슷한 요령으로 뜨는 버킷백은 뜨개 방법을
바꿔 또 다른 디자인을 즐길 수 있습니다.
라탄 바구니 같은 분위기가 느껴지도록
바구니뜨기와 한길긴뜨기 이랑뜨기를 조합했습니다.

SIZE : 지름 15.6㎝×높이 19㎝
DESIGN : 지바 다카에
HOW TO MAKE : 76p

HandBag
핸드백

순식간에 만들어서 들고 다닐 수 있는 핸드백은
세컨드 백으로 쓸 수 있어서
스타일링에 빠뜨릴 수 없는 아이템입니다.
크기는 작지만, 모양이나 디테일에 아이디어를 더하면
자연스러운 존재감이 돋보입니다.

15 구슬뜨기로 만드는 핸드백
16 글리터 컬러의 핸드백

TYPE : β

YARN : 리본XL

손에 익숙한 곡선 라인으로 너무 시크하지 않게
살짝 로맨틱한 느낌을 더했습니다.
플럼 컬러는 퀼팅 느낌의 구슬뜨기,
고급스러운 글리터 컬러는 심플한 짧은뜨기로 떠서
덮개 디자인에 변화를 줬습니다.

SIZE 15 : 19㎝×13㎝×6㎝
SIZE 16 : 19㎝×14㎝×6㎝
DESIGN : marshell(가이 나오코)
HOW TO MAKE : 34p, 78p

17
대나무 핸들 핸드백

TYPE : *β*

YARN : 스파게티, 리본XL

캐주얼하게, 또는 시크하게 사용할 수 있는
대나무 핸들이 멋진 핸드백.
덮개에는 트위스트 잠금 장식을 달아서
디자인을 한층 강조했습니다.

SIZE : 33㎝×20㎝×8㎝
DESIGN : 호시노 마미
HOW TO MAKE : 80p

18, 19
새발 격자무늬 핸드백

TYPE : β

YARN : 리본XL

18

19

배색 무늬로 표현한 새발 격자무늬가 돋보이는
전통적인 스타일의 핸드백을 완성했습니다.
크기가 작아서 액세서리처럼 들고 다닐 수
있을 것 같아요.
덮개가 있는 것과 없는 것을 만들어서 취향에
따라 구분해서 사용해보세요.

SIZE 18 : 21cm×14cm×2cm
SIZE 19 : 21cm×15cm×2cm
DESIGN : marshell(가이 나오코)
HOW TO MAKE : 82p

20
나비무늬 핸드백

TYPE : β

YARN : 리본XL

크기가 작아서 클러치백처럼 사용할 수도 있습니다.
두 가지 색으로 떠서 겉과 안의 색이 다른 바이컬러
스타일로 만들었습니다.
겉쪽은 배색 무늬로 만든 나비가 장식 효과를 줍니다.

SIZE : 27.5㎝×21㎝×2㎝
DESIGN : marshell(가이 나오코)
HOW TO MAKE : 84p

21

22

투톤 컬러 백에 레이스 도일리 덮개를 씌워서
소녀풍으로 완성했습니다.
심플한 옷차림도 이 핸드백 하나로 순식간에
화사하게 느껴집니다.

SIZE : 33㎝×20㎝×3㎝
DESIGN : 호시노 마미
HOW TO MAKE : 86p

LESSON 핸드백 뜨는 방법

1. 바닥(TYPE : B)

알아보기 쉽게 실의 색을 바꿨습니다.

실	리본XL [D] Crazy Pium 1볼
기타	• 가방용 금속 부자재 (슬라이드 잠금 장식 [F] BK-7) 1세트 • 길이 36cm 가방용 체인 ([N] R362-AF) 1줄
바늘	코바늘 8/0호, 돗바늘
게이지	11.5코×12단=10cm×10cm
완성 치수	19cm×13cm×6cm

POINT

• B타입의 사슬 시작코를 뜨는 방법을 익히세요.
• 바닥과 옆면은 짧은뜨기, 덮개는 무늬뜨기로 뜹니다.

1   실로 원을 만들어 손가락으로 교차 부분을 누르고 실을 걸어서 빼낸다.

MEMO 실을 잡는 방법

원을 만들어 교차 부분을 가운뎃손가락과 엄지손가락으로 누른다

실타래 쪽   실끝 ※15cm 정도 남긴다

2   실을 빼낸 모습. 매듭이 생긴다. 그다음부터 사슬 시작코를 뜬다.

3   실끝을 당겨서 매듭을 조인다. 그런 다음 실을 걸고 바늘에 걸려 있는 고리로 빼서 사슬 1코를 뜬다.

사슬 1코

4   사슬 1코를 뜬 모습.

15코

5   계속해서 시작코의 콧수인 15코를 뜬다.

바닥(1단)

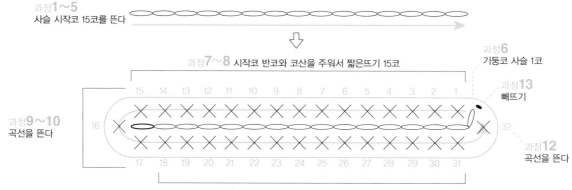

과정**1~5**
사슬 시작코 15코를 뜬다

과정**7~8** 시작코 반코와 코산을 주워서 짧은뜨기 15코

과정**6**
기둥코 사슬 1코

과정**13**
빼뜨기

과정**9~10**
곡선을 뜬다

과정**12**
곡선을 뜬다

과정**11** 시작코의 남은 반코를 주워서 짧은뜨기 15코

✕ 짧은뜨기

★의 반코만 비켜서 바늘을 넣는다

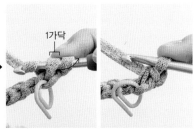

1가닥

6 1단을 뜬다. 단 시작 부분의 기둥코 사슬 1코를 뜬다. 시작코 15번째 코에 표시하면 알기 쉽다.

★시작코
15번째 코
(반코)
사슬 1코

7 시작코 15번째 코의 반코와 코산을 주워서 1단의 첫코를 짧은뜨기한다.

⟩ 실을 바늘에 걸어 빼고(1가닥) 다시 실을 걸어 한 번에 뺀다. 짧은뜨기 1코가 완성된다.

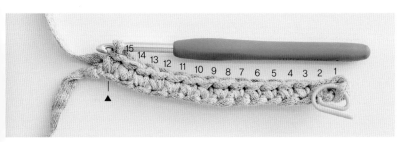

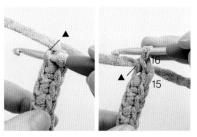

8 똑같은 방법으로 시작코 반코와 코산을 주워서 가장자리의 코(시작코 첫코▲)까지 짧은뜨기한다(총 15코).

9 가장자리의 코에는 16, 17번째 코도 넣어 뜬다. 다시 한 번 똑같은 코▲를 주워서 16번째 코를 뜬다.

10 다시 똑같은 가장자리의 코를 주워서 짧은뜨기 1코를 뜬다. 17번째 코를 넣어 뜬 모습.

11 곡선인 15~17번째 코를 뜨고 나면 시작코의 남은 반코를 주워서 반대쪽 가장자리까지 뜬다(18~31코).

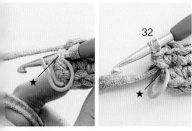

12 32번째 코는 31번째 코와 똑같은 코를 주워서 뜬다.

13 1단의 마지막은 바늘을 첫코에 넣고 실을 걸어서 빼뜨기한다.

Point 실을 당겨서 빼뜨기 코를 조이면 모양이 예쁘게 잡힙니다.

14 1단 완성. 다음에 2단을 뜬다.

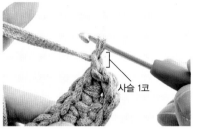

사슬 1코

15 단 시작 부분의 기둥코 사슬 1코를 뜬다.

코머리의 사슬(2가닥)을 줍는다

16 첫코를 짧은뜨기한다. 아랫단인 1단의 코머리를 사진처럼 주워서 뜬다.

⋁ **짧은뜨기 3코 늘려뜨기**

3
2
1

17 똑같은 방법으로 16과 똑같은 코에 두 번째 코를 뜨고 다시 세 번째 코를 뜬다. 이렇게 해서 코 하나에 3코를 넣어 떴다.

40 ←

아랫단의 실을 뺀 코

기둥코 사슬 1코

1

18 뜨개 도안대로 1코씩 뜨고 곡선은 17과 같은 방법으로 3코 늘려뜨기해서 둘레를 한 바퀴 뜬다. 총 40코를 뜬다.

19 1코에 바늘을 넣어서 빼뜨기하면 2단 완성.

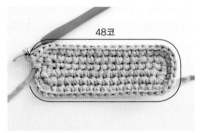

48코

20 2단과 똑같은 요령으로 3단을 뜨개 도안 대로 48코를 뜨고 마지막에 빼뜨기한다. 바닥 완성.

(안)

21 편물이 평평한 이 시점에서 시작 부분의 실을 돗바늘에 꿰어 실 처리를 한다.

바닥(2~3단)

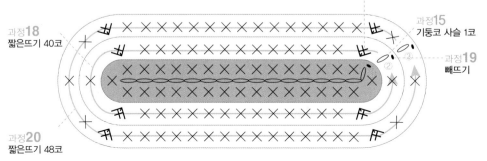

과정16 ~17
똑같은 코에 짧은뜨기 3코 늘려뜨기

과정18
짧은뜨기 40코

과정15
기둥코 사슬 1코

과정19
빼뜨기

과정20
짧은뜨기 48코

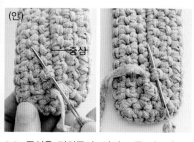

22 중심을 걸치듯이 1단의 코를 지그재그로 뜬다.

23 반대쪽 가장자리까지 떠서 실을 자른다.

Point 실이 두껍고 코가 크기 때문에 중심에 틈이 생길 수 있습니다. 실 처리를 할 때 틈새를 꿰매어 막듯이 실을 걸치세요.

2. 옆면을 뜬다

24 바닥과 똑같은 요령으로 아랫단의 코를 주워서 각 단마다 짧은뜨기 48코로 옆면을 뜬다. 코 늘림이 없으면 저절로 옆면이 위로 올라간다.

25 17단까지 뜬 모습. 옆면 완성.

26 18단은 아랫단인 17단의 코를 주워서 빼뜨기로 둘레를 한 바퀴 뜬다.

27 18단 완성. 빼뜨기로 테두리가 튼튼해진다.

옆면(4~18단)

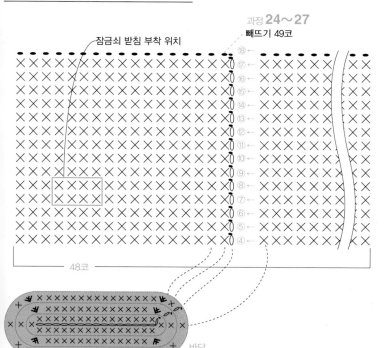

과정 **24~27**
빼뜨기 49코

잠금쇠 받침 부착 위치

48코

바닥

3. 덮개를 뜬다

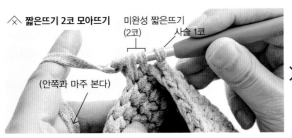

△ 짧은뜨기 2코 모아뜨기
미완성 짧은뜨기 (2코)
사슬 1코
(안쪽과 마주 본다)

28 19단부터 덮개를 뜬다. 기둥코 사슬 1코를 뜨고 시계 반대방향으로 편물을 돌려서 18단과 반대방향으로 뜬다. 첫코와 두 번째 코는 미완성 짧은뜨기로 떠서 실을 한 번에 뺀다.

미완성 짧은뜨기 2코가 1코로 합쳐진다. 짧은뜨기 16코 후 반대쪽 가장자리도 똑같은 방법으로 뜨면 19단 완성.

마지막의 실을 빼기 전 상태를 말합니다.

방향을 돌린다(겉쪽과 마주 본다)
← ⑳
→ ⑲
짧은뜨기 2코 모아뜨기

◯ 긴뜨기 2코 구슬뜨기
바늘에 건 실

3가닥

29 편물을 시계 반대방향으로 돌려서 20단은 무늬뜨기한다. 처음에는 짧은뜨기 2코 모아뜨기한다.

30 그런 다음 구슬뜨기한다. 바늘에 실을 건 상태로 2단 아래쪽의 짧은뜨기에 바늘을 넣는다.

실을 걸어서 뺀다. 바늘에는 실 3가닥이 걸려 있다.

덮개(19~32단)

덮개 콧수… ⑲18코
⑳17코(-1코)
㉑16코(-1코)
㉒~㉛ 16코
㉜17코(+1코)

◯ 긴뜨기 2코 구슬뜨기
(2단 아래쪽의 짧은뜨기를 줍는다)

뜨기 끝
(실끝은 끼워 넣어서 처리)

잠금쇠 부착 위치

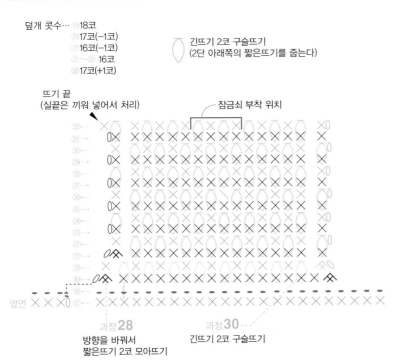

옆면

과정 28
방향을 바꿔서
짧은뜨기 2코 모아뜨기

과정 30
긴뜨기 2코 구슬뜨기

5가닥

다시 한 번 실을 건 바늘을 똑같은 코★에 넣고 실을 걸어서 뺀다. 바늘에는 실이 총 5가닥 걸려 있다. 실을 걸어서 한 번에 뺀다.

구슬뜨기 1코

구슬뜨기 1코가 완성된다. 구슬뜨기와 짧은뜨기를 번갈아가며 떠서 무늬를 뜬다. 1단씩 건너뛰어 무늬뜨기해서 32단까지 뜨면 덮개 완성.

4. 가방용 금속 부자재(슬라이드 잠금 장식)를 단다

와셔
잠금쇠
잠금쇠 받침

덮개(안)
잠금쇠

옆면 앞쪽(안)
잠금쇠 받침

31 가방용 금속 부자재를 준비한다. 잠금쇠는 덮개, 잠금쇠 받침은 옆면에 단다.

32 잠금쇠를 덮개에 꽂아서 드라이버로 나사를 고정한다.

33 잠금쇠 받침을 옆면 앞쪽의 겉에서 끼우고 안쪽으로 나온 다리를 와셔에 끼워 접는다. 와셔 위에 천대신 펠트스티커를 붙이면 편리하다.

잠금 장식의 다리를 숨기고 싶을 경우의 부착 방법

나사로 고정한다
부착 위치

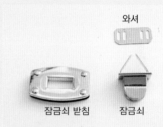
와셔
잠금쇠 받침
잠금쇠

덮개가 없는 가방이나 잠금 장식의 다리가 신경 쓰일 경우에는 다음과 같은 방법으로 부착하세요. 31쪽 작품.

다리가 달린 부분을 뒤쪽에 달 경우 다리가 겉으로 튀어나옵니다.

트위스트 잠금 장식
슬라이드 잠금 장식과 마찬가지로 핸드백용 금속 부자재. 잠금쇠 받침과 잠금쇠가 1세트.

실을 뺀다

1 잠금 장식용으로 20cm 정도로 자른 실 2가닥을 위아래로 끼워 넣고 다리를 접는다.

2 부착 위치(뒤쪽 안)에 잠금 장식을 놓고 실을 돗바늘에 꿰어 겉쪽으로 뺀다.

3 실을 전부 뒤쪽의 겉으로 빼낸 모습.

옭매듭

4 다시 한 번 실을 돗바늘에 꿰어 뜨개코를 떠서 안쪽으로 실을 뺀다.

5 안쪽으로 뺀 실을 각각 옭매듭으로 묶는다.

6 나머지 실을 돗바늘에 꿰어 편물에 끼워 넣어서 처리한다.

IDEA NOTE 3

개성파 핸드백

TYPE :	*A*
YARN :	리본XL

23

24

버킷백도 작은 크기로 만들면 핸드백
느낌으로 들고 다닐 수 있습니다.
미니 사이즈는 과감한 색에 도전해보세요.
스타일링에서 포인트컬러 역할을 합니다.

SIZE 23 : 지름 21㎝×높이 23㎝
SIZE 24 : 지름 17㎝×높이 18.5㎝
DESIGN : marshell(가이 나오코)
MAKING : 나카노 지에
HOW TO MAKE : 88p

손잡이 버클을 풀지 않아도
열고 닫을 수 있어서
편리해요.

감침질해서 연결한 덮개는 알맞은 위치에 고정됩니다.

25 짧은뜨기로 만드는 미니 트렁크백
26 변형 짧은뜨기로 만드는 미니 트렁크백

TYPE: C

YARN: 리본XL

딱딱한 느낌의 트렁크백도 손뜨개로 뜨면 조금
신선해 보입니다.
실 한 볼로 뜰 수 있는 콤팩트 사이즈는
훨씬 사랑스럽게 느껴져요.
오렌지색은 변형 뜨기로 라탄 바구니 느낌을 더
했습니다.

SIZE 25 : 19.8㎝×13㎝×10㎝
SIZE 26 : 19.8㎝×12㎝×10㎝
DESIGN : marshell(가이 나오코)
HOW TO MAKE : 90p

Daily Bag
디자인을 더한 데일리 백

마르셰백과 핸드백 만드는 방법을 터득하면
그다음에는 디자인을 더한 가방을
만들고 싶어질 거예요.
다양한 뜨개 방법에도 도전해봅시다.

27 스타스티치로 만드는 핸드백

TYPE : 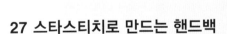 β

YARN : 리본XL

스타스티치로 뜬 덮개가 멋집니다.
길게 뺀 여러 가닥의 실을 하나로 모아서
리드미컬하게 뜹니다.

SIZE : 19cm×15cm×5cm
DESIGN : 미니아나 S.(훅트사)
HOW TO MAKE : 94p

28 서클백

TYPE : *A*
YARN : 리본XL

원형으로 뜬 편물을 바닥이 아닌 옆면에
사용한 백입니다.
마지막에 빼뜨기로 소용돌이 모양을 그려서
편물에 모양을 더했습니다.

SIZE : 지름 20㎝×높이 8㎝
DESIGN : 미니아나 S.(훅트 사)
HOW TO MAKE : 96p

29 태피스트리 백

TYPE : *β*

YARN : 리본XL

배색 무늬로 뜬 다이아몬드 패턴에 프린지를 조합한
디자인은 마치 직물처럼 느껴집니다.
손잡이를 떼어내면 클러치백으로 변신합니다.

SIZE : 33㎝×19㎝
DESIGN : 다케우치 쇼코
HOW TO MAKE : 98p

30 레이스무늬 클러치백
31 V무늬 클러치 숄더백

TYPE : β

YARN 30 : 리본XL

YARN 31 : 즈파게티,
에코바즈반테

지그재그 패턴을 배색 무늬와 독창적인 V자뜨기로 표현했습니다.
검은색 레이스테이프를 배합한 듯한 배색 무늬는 검은색으로
시크하게 연출했어요.
V자뜨기는 높낮이에 차이를 줘서 패턴이 입체적으로 두드러져
보이게 했습니다.

SIZE 30 : 33㎝×16㎝
SIZE 31 : 26㎝×14㎝
DESIGN : 지바 다카에
HOW TO MAKE : 100p, 102p

32 마크라메 장식 백
33 마크라메 장식 스마트폰 케이스

TYPE : β

YARN : 리본XL

32

33

코바늘뜨기로 만든 본체에 실을 덧붙여서
마크라메 장식을 더했습니다.
도구를 쓰지 않고 손으로 묶는 것만으로
만들 수 있는 마크라메는 여름철 스타일링에
꼭 추가하고 싶은 디자인입니다.

SIZE 32 : 27㎝×16㎝
SIZE 33 : 12㎝×17㎝
DESIGN : 지바 다카에
HOW TO MAKE : 108p

34, 35
팝콘 도트 프릴백

TYPE : β

YARN : 리본XL

구슬뜨기로 만든 물방울무늬가 귀여운 백에 프릴을 달았습니다.
프릴의 위치와 분량은 취향에 따라 선택하세요.
원하는 대로 커스터마이징할 수 있습니다.

SIZE : 23㎝×23.5㎝
DESIGN : 노세 마유미
HOW TO MAKE : 104p

36 파인애플무늬 미니백
37 파인애플무늬 프린지 백

TYPE : β

YARN : 리본XL

36

37

손쉽게 만들 수 있는 미니백은 소재와 무늬에
정성을 들여보세요.
고급스러운 글리터 컬러의 금색과 검은색으로
페이즐리 패턴 같은 파인애플무늬를 떴습니다.

SIZE 36 : 24cm×22cm
SIZE 37 : 23cm×23cm
DESIGN : 노세 마유미
HOW TO MAKE : 106p

LESSON

패브릭얀으로 가방 뜨는 방법 안내

이 책에서 사용한 기본적인 뜨개 방법 외에
익혀야 할 상급편 뜨개 방법을 알려드립니다.

새우뜨기 : 31쪽, 33쪽, 41쪽, 42쪽 기방 손잡이에 시용

V자뜨기 : 45쪽 가방에 사용

바구니뜨기 : 26쪽 가방에 사용

스타스티치 : 42쪽 가방에 사용

마크라메 : 46쪽 가방에 사용

레슨을 시작하기 전에—복습

짧은뜨기
가장 기본적인 뜨개방법. 코가 가지런해지도록 예쁘게 뜹시다.

실을 넉넉하게 세로로 빼낸다.
마지막에 실을 뺀 후 꽉 잡아당기면
코가 예쁘게 줄어든다.

새우뜨기

올록볼록한 장식적인 무늬가 매력적입니다. 사슬뜨기나 세줄땋이에 비해 튼튼하게 완성됩니다.

1 실과 바늘을 잡고 바늘을 돌려서 고리를 만든다. 실끝은 25cm 정도 남긴다.

느슨하게 뜬다

2 실을 걸어서 뺀다. 매듭이 생긴다.

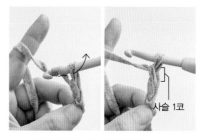

사슬 1코

3 실을 걸어서 사슬 1코를 뜬다.

매듭을 줍는다

4 처음 매듭의 반코와 코산을 주워서 짧은 뜨기 1코를 뜬다.

①편물만 돌려서 뒤집는다
②꽉 조인다

5 바늘은 그대로 두고 편물만 오른쪽에서 왼쪽으로 돌려 뒤집고 실을 당겨서 조인다.

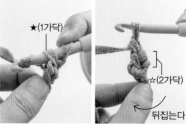

★(1가닥)
☆(2가닥)
뒤집는다

6 사슬코 아래★를 주워서 짧은뜨기 1코를 뜬다. 다시 편물만 오른쪽에서 왼쪽으로 돌려서 뒤집는다.

☆(2가닥)

7 사슬코 아래☆를 주워서 짧은뜨기 1코를 뜬다.

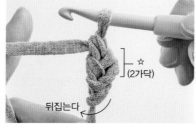

☆(2가닥)
뒤집는다

8 짧은뜨기 1코를 뜬 모습. 이후 편물을 뒤 집어 계속 사슬코 아래☆(2가닥)를 주워 서 뜬다.

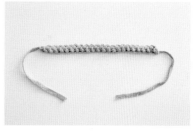

8 지정한 길이가 될 때까지 뜨면 완성. 실 끝을 돗바늘에 꿰고 편물에 끼워 넣어서 연결한다.

금속 부자재에 연결할 경우

손으로 돌려서 고정한다

섀클(U링)을 편물에 단다.

실끝을 돗바늘에 꿰고 섀클 사이로 통과시 킨다.

새우뜨기의 가장자리 코에 바늘을 끼워 넣고 다 시 한 번 섀클에 통과시킨다. 두세 번 반복한 후 남은 실을 편물에 끼워 넣어 실을 자른다.

V자뜨기

뜨개코 안쪽의 코산을 주워서 V무늬를 두드러지게 합니다. ※지바 다카에 씨가 고안한 독창적인 기법입니다.

본체(1~2단)

과정3~5
과정1~2
원

1단

1   원형 시작코(13쪽)로 1단을 뜬다.

2   2단의 기둥코 사슬 1코를 뜬다.

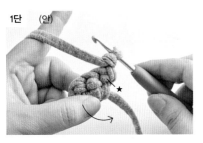

1단 (안)

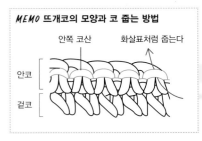

MEMO 뜨개코의 모양과 코 줍는 방법

안쪽 코산   화살표처럼 줍는다

안코

겉코

3   편물을 돌려서 뒤집는다.

4   1단 안쪽의 코산을 주워서 짧은뜨기 1코를 뜬다.

뜨개코는 겉쪽과 안쪽의 모양이 다릅니다.

가장자리 코(1가닥)를 줍는다

7(단)

6   3단 이후에도 2단과 같은 방법으로 코산을 주워서 뜨고 단의 마지막은 가장자리 코를 줍는다. V무늬가 나타난다.

5   다음 코도 똑같은 방법으로 뜬다. 마지막 코는 아랫단 가장자리의 코를 주워 짧은뜨기해서 코를 늘린다.

V자뜨기의 옆부분을 꿰매는 방법(짧은뜨기 꿰매기)

※알아보기 쉽게 실을 바꿨습니다

바닥에서 되접어 꺾는다

앞쪽(겉쪽)

앞쪽

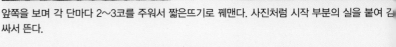

뒤쪽

편물을 바닥 라인에서 겉쪽이 밖으로 오게 꺾는다. 가장자리의 실을 10cm 정도 남겨서 바닥 정점의 코에 사슬뜨기 요령으로 연결한다.

앞쪽을 보며 각 단마다 2~3코를 주워서 짧은뜨기로 꿰맨다. 사진처럼 시작 부분의 실을 붙여 감싸서 뜬다.

바구니뜨기
리본XL용 뜨개 방법으로 라탄 바구니 같은 뜨개코가 특징입니다. ※지바 다카에 씨가 고안한 독창적인 기법입니다.

과정**4~11** 짧은뜨기

과정**1~3**
메리야스짧은뜨기

1 메리야스짧은뜨기 1코를 뜬다. 아랫단 코의 다리 사이에 바늘을 넣고 실을 빼 낸다.

2 실을 빼낸 모습. 실을 걸어서 한 번에 뺀다.

3 메리야스짧은뜨기 1코 완성.

4 계속해서 짧은뜨기 3코를 뜬다.

5 메리야스짧은뜨기와 첫코의 짧은뜨기 사이에 바늘을 넣는다.

6 실을 바늘에 걸고 사진처럼 길게 빼낸다.

7 실을 바늘에 걸고 다시 5와 똑같은 자리에 바늘을 넣는다. 실을 걸어서 길게 빼 낸다. 바늘에 실 4가닥이 걸려 있다.

8 실이 바늘에 걸려 있는 상태에서 다음 코를 줍는다.

9 실을 걸어서 빼낸다. 바늘에는 실 5가닥이 걸려 있다.

10 실을 걸어서 한 번에 뺀다.

11 길게 빼낸 실 2가닥이 짧은뜨기를 감싼다. 1유닛 완성. 이 과정을 반복한다.

스타스티치

리본XL용 뜨개 방법으로 별무늬가 특징입니다. 부피감이 느껴지는 편물로 완성됩니다.

1. 사슬로 시작코를 만들고(34쪽) 코산을 주워서 짧은뜨기한다. 2단은 기둥코 사슬 3코를 떠서 안쪽이 보이게 편물을 뒤집는다.

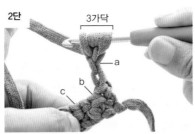

2. 실을 바늘에 건 상태에서 기둥코 사슬 두 번째 코(a)의 반코와 코산을 줍고 실을 걸어서 2코 길이로 빼낸다.

3. 계속해서 실을 건 바늘을 두 번째 코(b)에 넣는다.

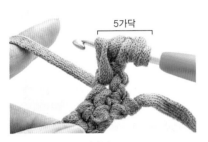

4. 실을 걸어서 빼낸다.

5. 다시 실을 건 바늘을 2코 앞에 넣는다.

6. 실을 걸어서 빼낸다.

7. 실을 바늘에 걸어서 한 번에 뺀다. 이때 바늘에 건 실★을 손가락으로 눌러서 실이 파묻히지 않게 한다.

8. 실을 뺀 모습. 손가락으로 누른 실★에 바늘을 넣고 다시 한 번 뺀다.

9. 실을 뺀 모습. 첫 번째 무늬 완성.

덮개(1~4단)

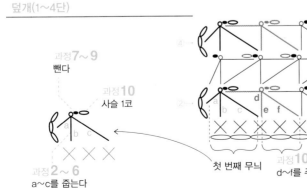

과정 7~9
뺀다

과정 10
사슬 1코

과정 2~6
a~c를 줍는다

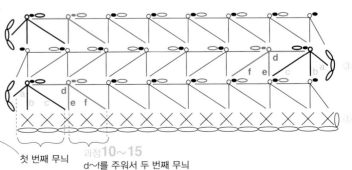

첫 번째 무늬

과정 10~15
d~f를 주워서 두 번째 무늬

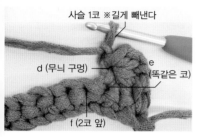

10 두 번째 무늬를 뜬다. 사슬 1코를 뜬 뒤 세 군데(d~f)에서 실을 빼낸다.

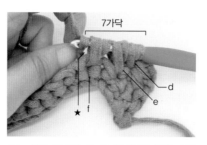

11 실을 건 바늘로 세 군데에서 각각 실을 빼낸 모습. 실을 바늘에 걸어서 한 번에 뺀다.

12 ★에 바늘을 넣고 실을 걸어서 뺀다. 두 번째 무늬 완성. 이후에는 두 번째 무늬와 같은 방법으로 가장자리까지 뜬다.

3단

13 3단을 뜬다. 기둥코 사슬 3코의 두 번째 코 반코와 코산에 실을 건 바늘을 넣고 실을 걸어서 빼낸다.

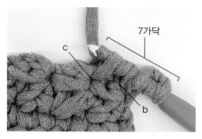

14 b와 c에서도 똑같은 요령으로 실을 빼낸다.

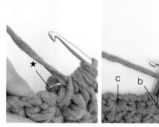

15 실을 한 번에 뺀다. 또 ★에 바늘을 넣고 다시 한 번 뺀다. 첫 번째 무늬 완성.

16 두 번째 무늬도 세 군데(d~f)에서 실을 빼내서 똑같은 요령으로 가장자리까지 뜬다. 4단 이후에도 3단과 같은 방법으로 뜬다.

Point 단의 마지막 무늬는 아랫단 가장자리의 코를 주워서 실을 빼냅니다.

17 마지막 단까지 다 뜨고 나면 별무늬의 선 한 줄이 빠진 부분은(위) 돗바늘에 실을 꿰어 스티치해서 메운다(아래).

도구를 사용하지 않고 손으로 실을 묶는 것만으로 완성할 수 있습니다. 다음의 작품처럼 덮개에 활용해보세요.

오른쪽 사선
감아매기 매듭

왼쪽 위 평매듭

왼쪽 사선
감아매기 매듭

실을 연결하는 방법

뒤쪽

1 옆면 뒤쪽 테두리에 바늘을 넣고 반으로 접은 마크라메용 실의 고리 쪽을 빼내서 고리에 실끝을 끼워 넣는다.

2 똑같은 방법으로 필요한 가닥수 만큼 실을 연결한다.

MEMO 왼쪽 위 평매듭

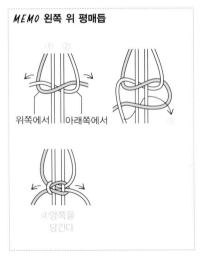

위쪽에서 아래쪽에서

④양쪽을
당긴다

1단

2단

실 4쌍(각 2가닥)으로 그림처럼 평매듭을 만든다. 매듭이 왼쪽으로 온다. 가장자리까지 이 과정을 반복한다.

1단의 매듭과 매듭 사이의 실 4쌍으로 평매듭을 만들어서 매듭이 어긋나지 않게 한다. 3단 이후에는 1~2단을 반복한다.

MEMO 오른쪽 사선 감아매기 매듭

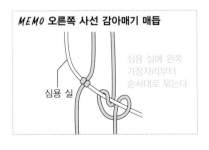

심용 실

심용 실에 왼쪽
가장자리부터
순서대로 묶는다

앞쪽

가장자리 실(2가닥)을 심으로 해서 그림처럼 묶어나간다.

MEMO 왼쪽 사선 감아매기 매듭

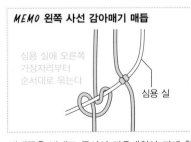

심용 실에 오른쪽
가장자리부터
순서대로 묶는다

심용 실

반대쪽은 반대로 묶어서 좌우대칭이 되게 합니다.

How to Make 작품 뜨는 방법

LESSON 페이지의 설명을 참고해 각 작품을 다음 페이지부터 시작되는 설명과 뜨개 도안대로 만들어봅시다.
바늘을 잡는 법이나 뜨개 기호 등 기초적인 설명은 111~115쪽을 참조하기 바랍니다.

STEP 1 시작코 타입을 확인합시다

각 작품은 6쪽에서도 소개한 세 가지 타입으로 시작코를 뜹시다.
각각의 구체적인 순서는 LESSON 페이지에서 설명했습니다.

TYPE : A
원형뜨기로 만드는 시작코

LESSON : 13쪽

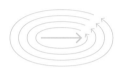

TYPE : B
사슬뜨기로 만드는 시작코

LESSON : 34쪽

TYPE : C
바닥판을 사용하는 시작코

LESSON : 19쪽

STEP 2 뜨개 도안을 보며 뜹시다

각 작품을 만드는 방법은 텍스트와 뜨개 도안으로 설명합니다. 뜨개 도안은 다음과 같이 읽으세요.

[뜨개 도안을 보는 방법]

뜨개 기호
뜨개코를 기호로 표시한 것으로 콧수가 나와 있습니다.

기둥코 사슬
각 단의 시작 부분에서 뜨는 '사슬뜨기'를 말합니다. 반드시 뜨도록 주의하세요.

뜨기 시작(사슬 13코 시작코)
여기부터 뜨기 시작합니다

단수
편물의 층을 나타내며 숫자 순서대로 떠나갑니다.

주요 뜨개 기호

⟋ 실을 연결한다	◣ 실을 자른다
✕ 짧은뜨기	⟲ 사슬뜨기
✕̄ 짧은뜨기 이랑뜨기	━ 빼뜨기
⋁ 짧은뜨기 2코 늘려뜨기	⊗ 메리야스짧은뜨기
⋀ 짧은뜨기 2코 모아뜨기	〒 한길긴뜨기

※ 뜨개 방법은 LESSON 페이지나 112~115쪽 기초 설명 페이지에서 설명합니다.

뜨는 방향에 대해서

원형뜨기
중심에서 바깥쪽으로 화살표 방향으로 뜹니다. 뜨개코는 늘 겉이 보이는 방향으로 뜹니다.

평면뜨기(왕복뜨기)
가장자리까지 뜨면 편물을 뒤집어 화살표처럼 왕복해서 뜹니다. 뜨개코는 겉쪽, 안쪽이 번갈아가며 보이게 뜹니다.

편물을 돌리는 방법

기둥코 사슬

가장자리까지 다 뜨면 다음 단의 시작코 사슬을 뜨고 편물을 돌린다

바늘은 그대로 두고 앞쪽에서 돌린다

● 만드는 방법에 나오는 실과 부자재 뒤에 있는 [ ]는 다음의 제조회사 및 기업을 표시한 것입니다.
실 [D] DMC 주식회사
부자재 [F] 후지큐 주식회사 / [H] 하마나카 주식회사 / [i] INAZUMA(우에무라 주식회사) /
　　　[N] 니혼추코무역 주식회사 / [S] 선올리브 주식회사
※문의처는 책의 판권 면을 참조하기 바랍니다.

02, 03
오르테가 패턴 마르셰백 > 10쪽

[TYPE : C]

실 | 즈파게티 [D]
〈갈색〉
A : Brown 852g(1볼)
B : Blue 52g(0.1볼)
C : Beige 84g(0.1볼)
D : Green 132g(0.2볼) ※태슬 분량 포함
〈회색〉
A : Grey 820g(1볼)
B : Blue 46g(0.1볼)
C : White 89g(0.1볼)
D : Green 167g(0.2볼) ※태슬 분량 포함
기타 | 지름 20cm 바닥판([H] H204-619 / 구멍 60개)…1장
바늘 | 코바늘 7.5/0호(바닥판은 7/0호), 돗바늘
게이지 | 8.3코×8.3단=10cm×10cm
완성 치수 | 지름 20cm×높이 23cm

뜨는 방법
〈공통〉
1. 옆면 ①~⑲ : 바닥판을 사용해서 A실로 뜨기 시작하고 1~2단은 짧은뜨기(1단만 7/0호), 3~19단은 A~D실(B실은 7단에서 일단 자르고 15단에서 다시 연결한다)로 메리야스짧은뜨기해서 배색 무늬를 뜬다.
2. 손잡이 ⑳~㉒ : 옆면에서 A실로 이어 뜨고 마지막 단은 3단 아래쪽 코에 바늘을 넣어 2단 분량을 감싸서 뜬다(사슬코 부분은 통째로 감싸서 뜬다)

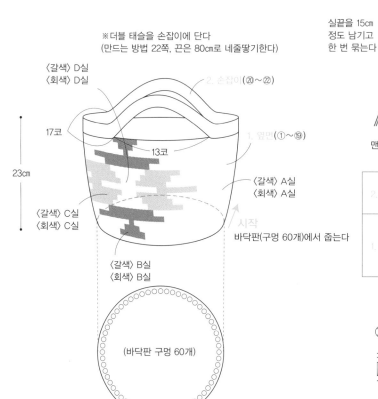

※더블 태슬을 손잡이에 단다
(만드는 방법 22쪽, 끈은 80cm로 네줄땋기한다)

〈갈색〉 D실
〈회색〉 D실

2. 손잡이(⑳~㉒)

17코

13코

1. 옆면(①~⑲)

〈갈색〉 A실
〈회색〉 A실

23cm

〈갈색〉 C실
〈회색〉 C실

시작

바닥판(구멍 60개)에서 줍는다

〈갈색〉 B실
〈회색〉 B실

(바닥판 구멍 60개)

20cm

네줄땋기 방법

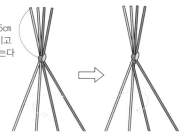

실끝을 15cm 정도 남기고 한 번 묶는다

맨 끝의 실을 좌우 번갈아가며 중심에 놓는다

2. 손잡이	⑳~㉒	메리야스짧은뜨기 사슬뜨기 빼뜨기
1. 옆면	③~⑲	메리야스짧은뜨기
	①②	짧은뜨기

 메리야스짧은뜨기

아랫단 짧은뜨기의 다리 가운데에 바늘을 넣어서 짧은뜨기한다.

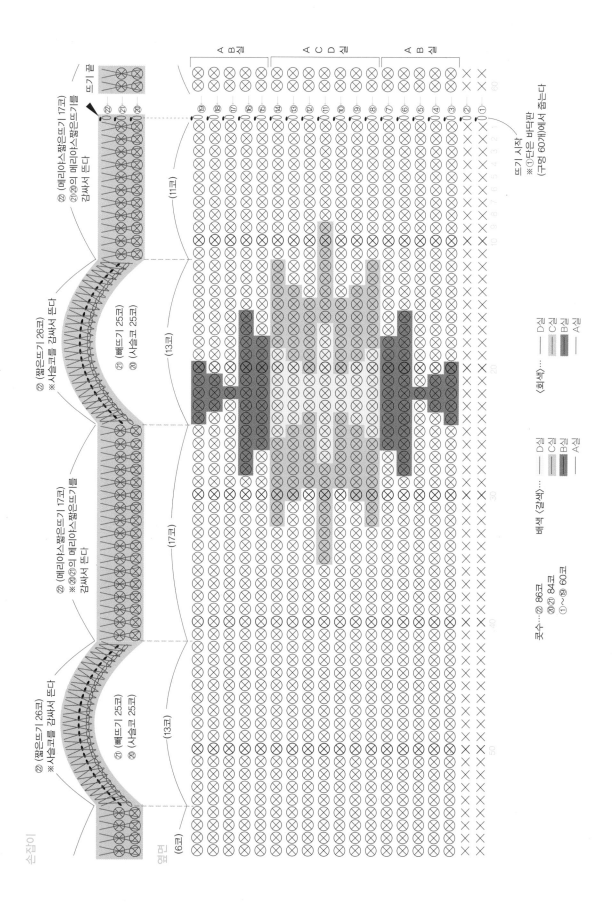

04
크로스 패턴 미니 마르셰백 > 11쪽

TYPE : C

실	즈파게티 [D] A : White 544g(0.7볼) B : Brown 94g(0.1볼) C : Blue 182g(0.2볼) ※태슬 분량 포함 에코바르반테 [D] Almond 42g(0.8볼)
기타	지름 15.6cm 바닥판([H] H204-596-2 / 구멍 48개)…1장 길이 3.2cm 걸고리…1개 안지름 0.6cm O링…1개
바늘	코바늘 7.5/0호(바닥판은 7/0호), 돗바늘
게이지	8.3코×8.3단=10cm×10cm
완성 치수	지름 15.6cm×높이 20cm

뜨는 방법

1. 옆면 ①~⑭ : 바닥판을 사용해서 A실로 뜨기 시작하고 1단은 7/0호로 짧은뜨기, 2단부터는 7.5/0호를 사용해서 A, B실로 짧은뜨기, 3~14단은 A~C실로 메리야스짧은뜨기해서 배색 무늬를 뜬다.
2. 손잡이 ⑮~⑰ : 옆면에서 A실로 이어 뜨고 마지막 단은 3단 아래쪽 코에 바늘을 넣어 2단 분량을 감싸서 뜬다(사슬코 부분은 통째로 감싸서 뜬다).

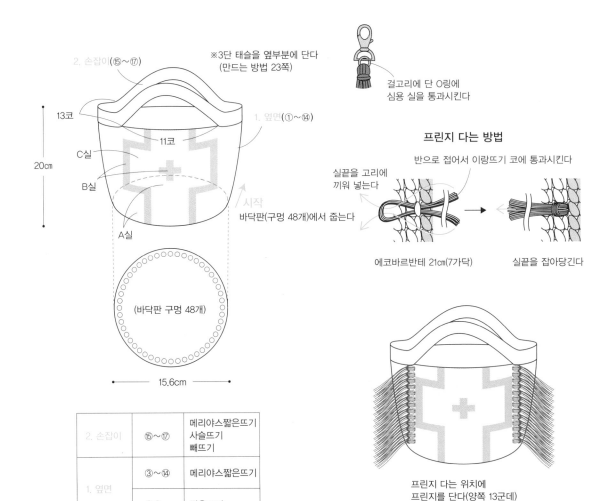

2. 손잡이(⑮~⑰)

※3단 태슬을 옆부분에 단다
(만드는 방법 23쪽)

13코

11코

C실

20cm

B실

A실

1. 옆면(①~⑭)

시작

바닥판(구멍 48개)에서 줍는다

(바닥판 구멍 48개)

15.6cm

걸고리에 단 O링에
심용 실을 통과시킨다

프린지 다는 방법

반으로 접어서 이랑뜨기 코에 통과시킨다

실끝을 고리에
끼워 넣는다

에코바르반테 21cm(7가닥)

실끝을 잡아당긴다

프린지 다는 위치에
프린지를 단다(양쪽 13군데)

2. 손잡이	⑮~⑰	메리야스짧은뜨기 사슬뜨기 빼뜨기
1. 옆면	③~⑭	메리야스짧은뜨기
	①②	짧은뜨기

※13~19쪽과 똑같은 요령으로 뜬다

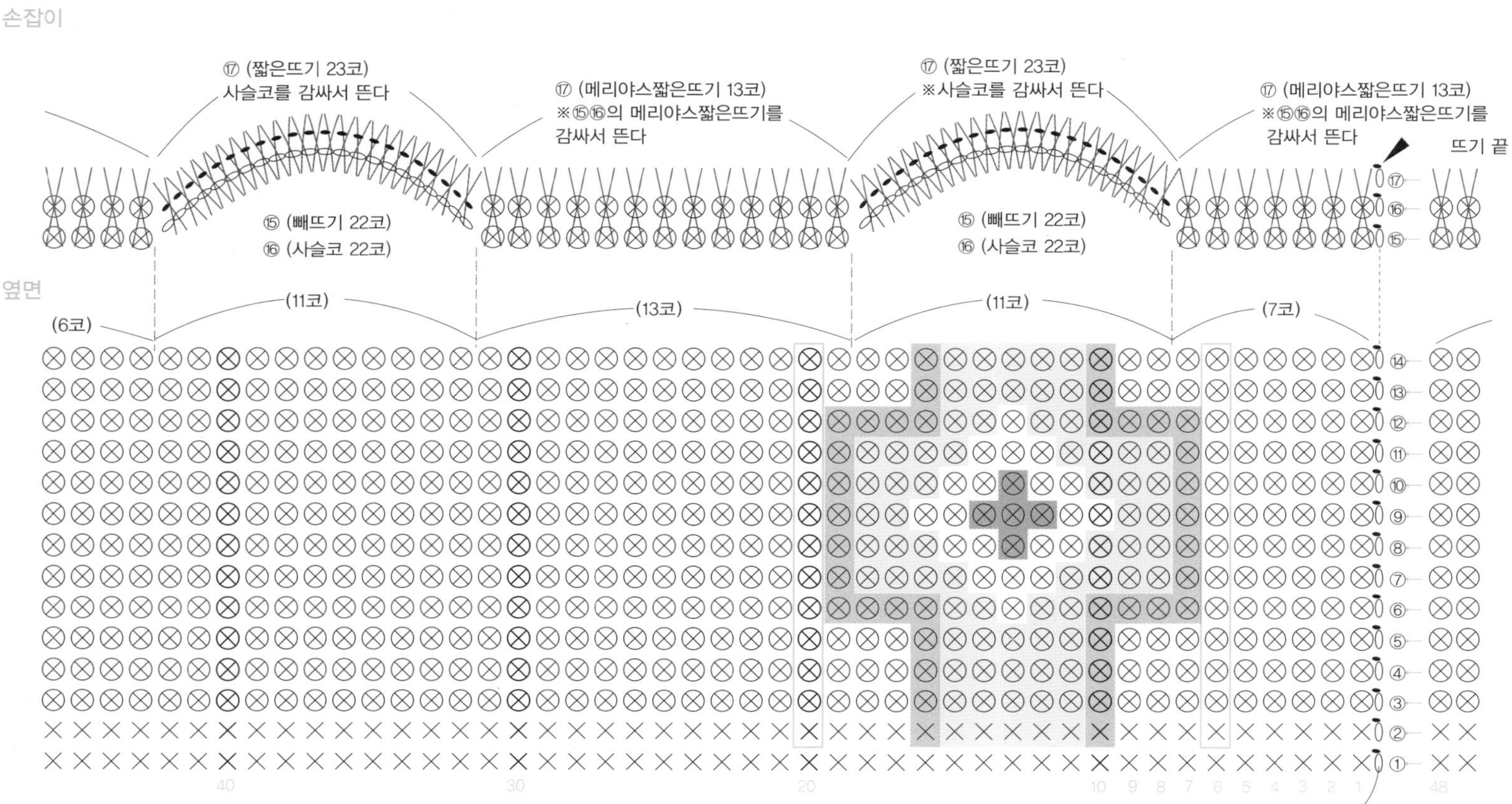
손잡이
⑰ (짧은뜨기 23코)
사슬코를 감싸서 뜬다
⑰ (메리야스짧은뜨기 13코)
※⑮⑯의 메리야스짧은뜨기를
감싸서 뜬다
⑰ (짧은뜨기 23코)
※사슬코를 감싸서 뜬다
⑰ (메리야스짧은뜨기 13코)
※⑮⑯의 메리야스짧은뜨기를
감싸서 뜬다
뜨기 끝
⑮ (빼뜨기 22코)
⑯ (사슬코 22코)
⑮ (빼뜨기 22코)
⑯ (사슬코 22코)
옆면
(6코)
(11코)
(13코)
(11코)
(7코)
40
30
20
10 9 8 7 6 5 4 3 2 1
48

뜨기 시작
※①단은 바닥판
(구멍 48개)에서 줍는다

⊗ 메리야스짧은뜨기

아랫단 짧은뜨기의 다리 가운데에
바늘을 넣어서 짧은뜨기한다

콧수…⑰ 72코
⑮⑯ 70코
①~⑭ 48코

배색… C실
B실
A실

…프린지 다는 위치

05
스마일 패턴 마르셰백 > 11쪽

TYPE : C

실	즈파게티 [D] A : Marine 945g(1.2볼) B : Pink 120g(0.1볼) C : Grey 122g(0.1볼) ※태슬 분량 포함
기타	지름 20㎝ 바닥판([H] H204-619 / 구멍 60개)…1장 길이 3.2㎝ 걸고리…1개 안지름 0.6㎝ O링…1개 별모양 장식단추 1개
바늘	코바늘 7.5/0호(바닥판은 7/0호), 돗바늘
게이지	9코×9단=10㎝×10㎝
완성 치수	지름 20㎝×높이 25㎝

뜨는 방법

1. **옆면 ①~⑳** : 바닥판을 사용해서 A실로 뜨기 시작하고 1~2단은 짧은뜨기(1단만 7/0호), 3~20단은 A~C실로 메리야스짧은뜨기해서 배색 무늬를 뜬다.
2. **손잡이 ㉑~㉓** : 옆면에서 A실로 이어 뜨고 마지막 단은 3단 아래쪽 코에 바늘을 넣어 2단 분량을 감싸서 뜬다(사슬코 부분은 통째로 감싸서 뜬다).

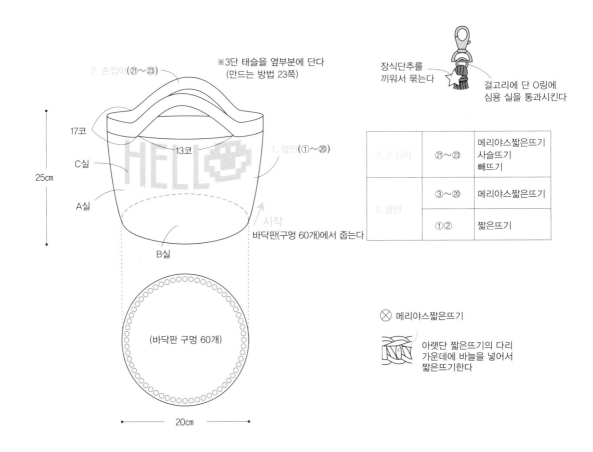

※3단 태슬을 옆부분에 단다
(만드는 방법 23쪽)

2. 손잡이 (㉑~㉓)

17코

13코

1. 옆면(①~⑳)

C실

A실

25cm

B실

시작
바닥판(구멍 60개)에서 줍는다

(바닥판 구멍 60개)

20cm

장식단추를
끼워서 묶는다

걸고리에 단 O링에
심용 실을 통과시킨다

2. 손잡이	㉑~㉓	메리야스짧은뜨기 사슬뜨기 빼뜨기
1. 옆면	③~⑳	메리야스짧은뜨기
	①②	짧은뜨기

⊗ 메리야스짧은뜨기

아랫단 짧은뜨기의 다리
가운데에 바늘을 넣어서
짧은뜨기한다

※13~19쪽과 똑같은 요령으로 뜬다

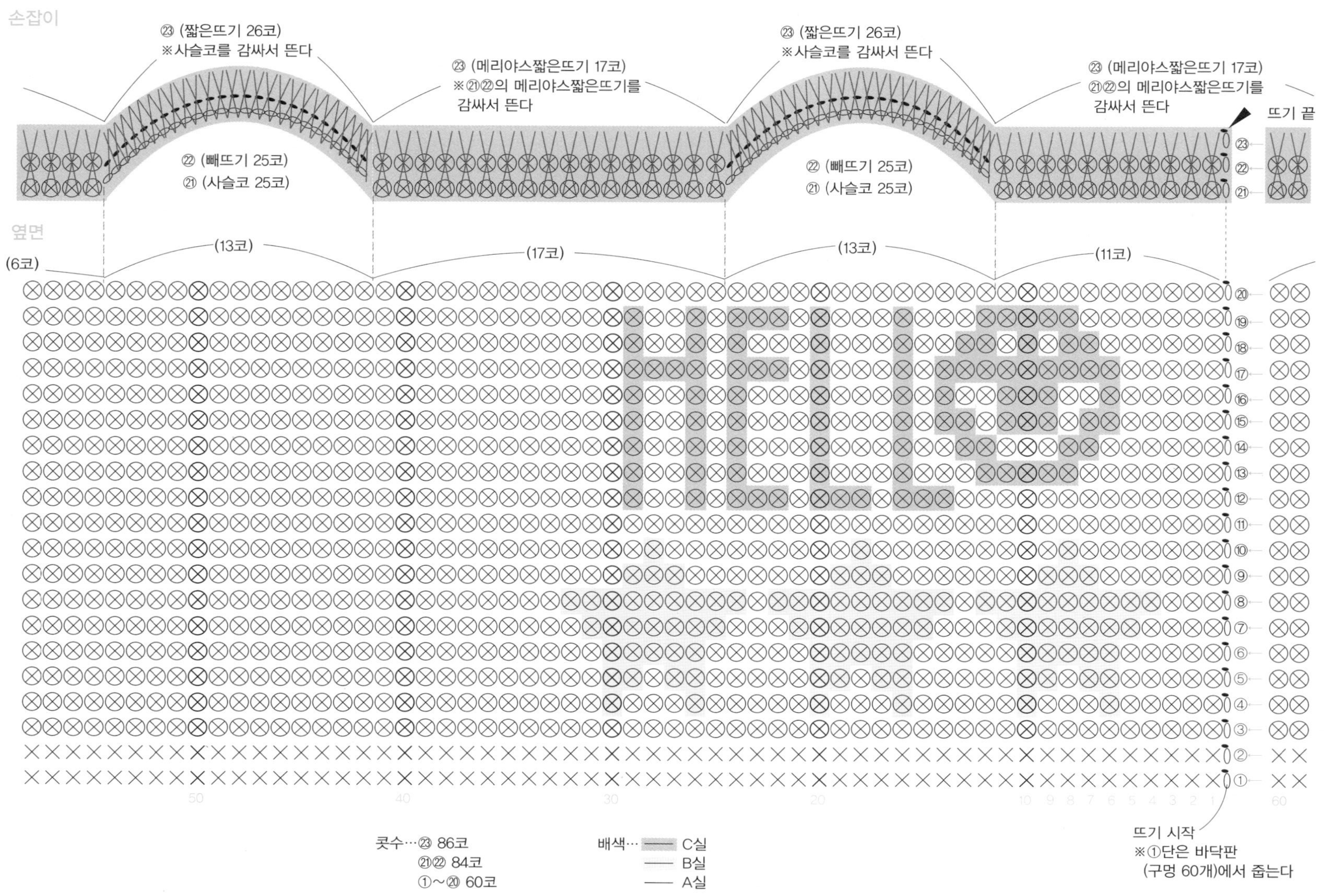
손잡이
㉓ (짧은뜨기 26코)
※사슬코를 감싸서 뜬다
㉓ (메리야스짧은뜨기 17코)
※㉑㉒의 메리야스짧은뜨기를 감싸서 뜬다
㉓ (짧은뜨기 26코)
※사슬코를 감싸서 뜬다
㉓ (메리야스짧은뜨기 17코)
㉑㉒의 메리야스짧은뜨기를 감싸서 뜬다
뜨기 끝
㉒ (빼뜨기 25코)
㉑ (사슬코 25코)
㉒ (빼뜨기 25코)
㉑ (사슬코 25코)
옆면
(6코)
(13코)
(17코)
(13코)
(11코)
뜨기 시작
※①단은 바닥판 (구멍 60개)에서 줍는다
콧수…㉓ 86코
㉑㉒ 84코
①~⑳ 60코
배색… C실
B실
A실

06
프린지를 단 마르셰백 > 12쪽

TYPE : C

실	즈파게티 [D]
	White 920g(1.1볼)
	※태슬 분량 포함
기타	지름 15.6cm 바닥판([H] H204-596-2 / 구멍 48개)…1장
	하트모양 장식단추…1개
	가죽 태그 1개
	길이 3.2cm 걸고리…1개
	안지름 0.6cm O링…3개
	스웨이드 끈…65cm
바늘	코바늘 7.5/0호(바닥판은 7/0호), 돗바늘
게이지	8.3코×8.3단=10cm×10cm
완성 치수	지름 15.6cm×높이 20cm

뜨는 방법

1. **옆면** ①~⑭ : 바닥판을 사용해서 뜨기 시작하고 1~13단은 짧은뜨기(1단만 7/0호), 14단은 짧은뜨기 이랑뜨기한다.
2. **손잡이** ⑮~⑰ : 옆면에서 이어 뜨고 마지막 단은 빼뜨기한다 (사슬코 부분은 짧은뜨기로 통째로 감싸서 뜬다).

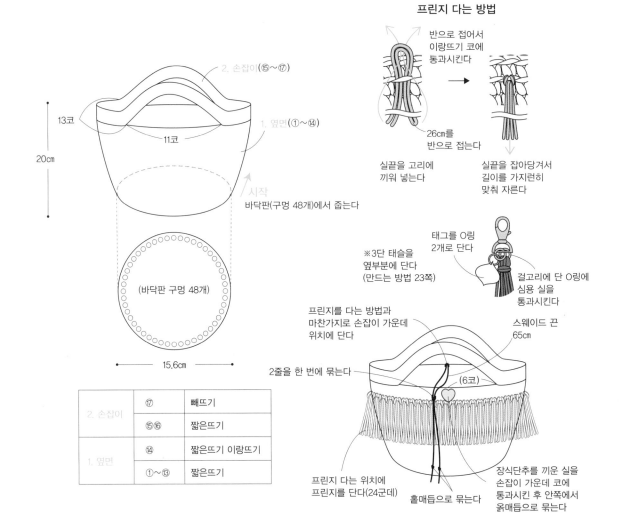

프린지 다는 방법

반으로 접어서 이랑뜨기 코에 통과시킨다

26cm를 반으로 접는다

실끝을 고리에 끼워 넣는다

실끝을 잡아당겨서 길이를 가지런히 맞춰 자른다

태그를 O링 2개로 단다

걸고리에 단 O링에 심용 실을 통과시킨다

※3단 태슬을 옆부분에 단다 (만드는 방법 23쪽)

프린지 다는 방법과 마찬가지로 손잡이 가운데 위치에 단다

스웨이드 끈 65cm

(6코)

2줄을 한 번에 묶는다

프린지 다는 위치에 프린지를 단다(24군데)

홀매듭으로 묶는다

장식단추를 끼운 실을 손잡이 가운데 코에 통과시킨 후 안쪽에서 옭매듭으로 묶는다

2. 손잡이(⑮~⑰)

1. 옆면(①~⑭)

시작

바닥판(구멍 48개)에서 줍는다

13코

11코

20cm

(바닥판 구멍 48개)

15.6cm

2. 손잡이	⑰	빼뜨기
	⑮⑯	짧은뜨기
1. 옆면	⑭	짧은뜨기 이랑뜨기
	①~⑬	짧은뜨기

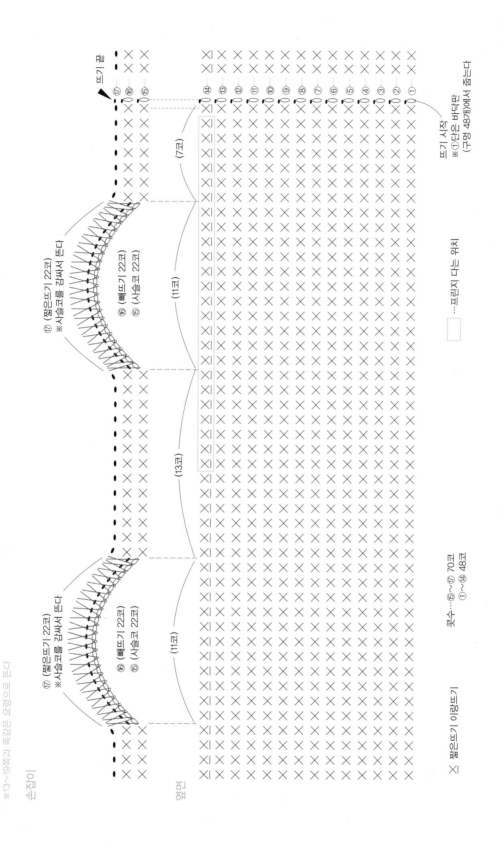

07
프린지를 단 케이블 패턴 마르셰백 　> 12쪽

TYPE : C

실	즈파게티 [D] A : White 860g(1.1볼) B : Dark Grey 122g(0.2볼) 에코바르반테 [D] Almond 70g(1.4볼)
기타	지름 15.6cm 바닥판([H] H204-596-2 / 구멍 48개)…1장 길이 3.6cm 걸고리…1개 안지름 0.3cm O링…1개
바늘	코바늘 8/0호(바닥판은 7/0호), 돗바늘
게이지	9코×9단=10cm×10cm
완성 치수	지름 15.6cm×높이 23.5cm

뜨는 방법

1. **옆면** ①~⑳　: 바닥판을 사용해서 A실로 뜨기 시작하고(1단만 7/0호) 1~9단은 짧은뜨기, 10단은 짧은뜨기 이 랑뜨기, 11~20단은 A, B실로 메리야스짧은뜨 기해서 배색 무늬를 뜬다. 프린지를 10단의 이 랑뜨기 부분에 연결한다.

2. **손잡이** ㉑~㉓ : 바늘을 코에 넣고 2단 분량을 감싸서 뜬다(사슬 코 부분은 통째로 감싸서 뜬다).

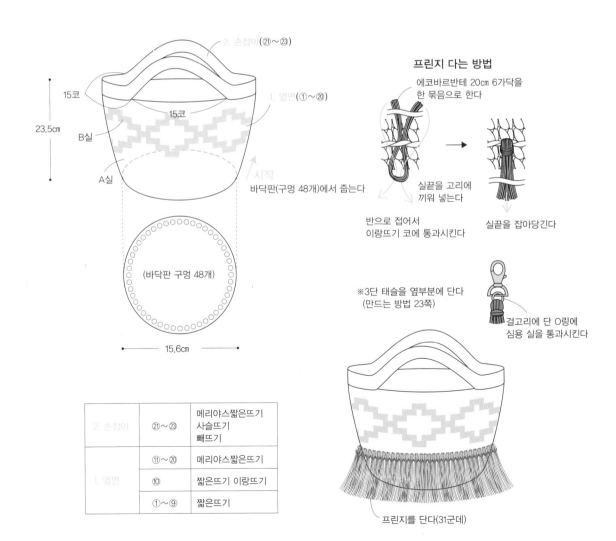

프린지 다는 방법

에코바르반테 20cm 6가닥을 한 묶음으로 한다

실끝을 고리에 끼워 넣는다

반으로 접어서 이랑뜨기 코에 통과시킨다

실끝을 잡아당긴다

※3단 태슬을 옆부분에 단다 (만드는 방법 23쪽)

걸고리에 단 O링에 심용 실을 통과시킨다

프린지를 단다(31군데)

15코

15코

23.5cm

B실

A실

1. 옆면(①~⑳)

2. 손잡이(㉑~㉓)

시작
바닥판(구멍 48개)에서 줍는다

(바닥판 구멍 48개)

15.6cm

2. 손잡이	㉑~㉓	메리야스짧은뜨기 사슬뜨기 빼뜨기
1. 옆면	⑪~⑳	메리야스짧은뜨기
	⑩	짧은뜨기 이랑뜨기
	①~⑨	짧은뜨기

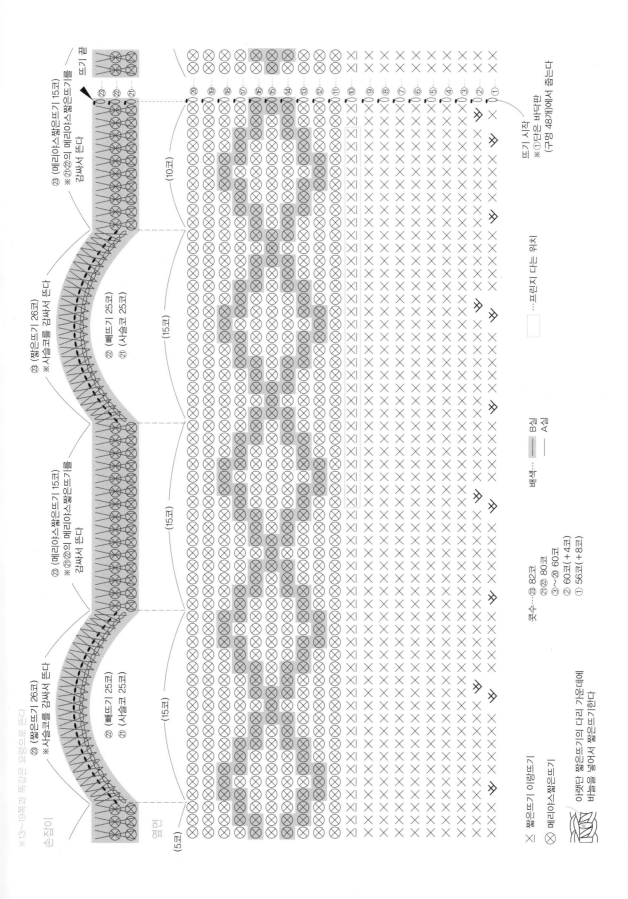

08
퍼 어깨끈을 단 트라이벌 패턴 마르셰백 〉 20쪽

TYPE : C

실	즈파게티 [D]
	A : Blue 630g(0.7볼)
	B : Beige 235g(0.3볼)
	C : Dark Grey 130g(0.2볼)
	※태슬 분량 포함
기타	지름 15.6cm 바닥판([H] H204-596-2 / 구멍 48개)…1장
	지름 1.2cm×높이 0.6cm 가방용 바닥징([S] BYO-03 / 흰색)…4개
	길이 3.6cm 걸고리…2개
	안쪽 길이 2cm D링…2개
	길이 87cm×폭 0.6cm 어깨끈([I] HS-870S / 흰색)…1개
	폭 6cm 페이크퍼([S] FFT-6 / 흰색)…63cm
바늘	코바늘 7.5/0호(바닥판은 7/0호), 돗바늘
게이지	9코×9단=10cm×10cm
완성 치수	지름 15.6cm×높이 20cm

뜨는 방법

1. **옆면 ①~⑯** : 바닥판을 사용해서 A실로 뜨기 시작하고 7/0호로 1단 짧은뜨기, 이후 7.5/0호를 사용해 2~4단은 메리야스짧은뜨기, 5~13단은 A~C실로 메리야스짧은뜨기해서 배색 무늬를 뜬다. 14~16단은 A실로 메리야스짧은뜨기한다.

2. **손잡이 ⑰~⑲** : 옆면에서 A실로 이어 뜨고 마지막 단은 3단 아래쪽 코에 바늘을 넣어 2단 분량을 감싸서 뜬다 (사슬코 부분은 통째로 감싸서 뜬다).

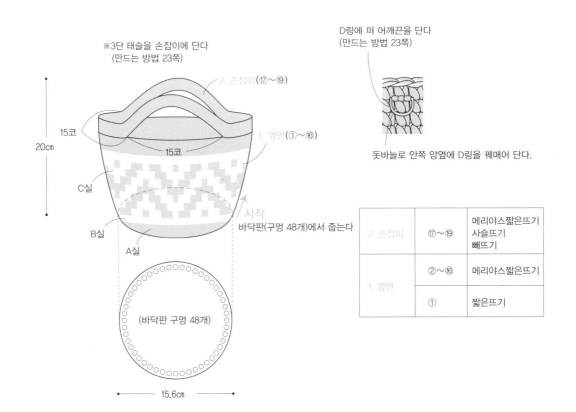

※3단 태슬을 손잡이에 단다
(만드는 방법 23쪽)

2. 손잡이(⑰~⑲)

D링에 퍼 어깨끈을 단다
(만드는 방법 23쪽)

15코

20cm

15코

1. 옆면 (①~⑯)

C실

B실

A실

시작
바닥판(구멍 48개)에서 줍는다

돗바늘로 안쪽 양옆에 D링을 꿰매어 단다.

(바닥판 구멍 48개)

15.6cm

2. 손잡이	⑰~⑲	메리야스짧은뜨기 사슬뜨기 빼뜨기
1. 옆면	②~⑯	메리야스짧은뜨기
	①	짧은뜨기

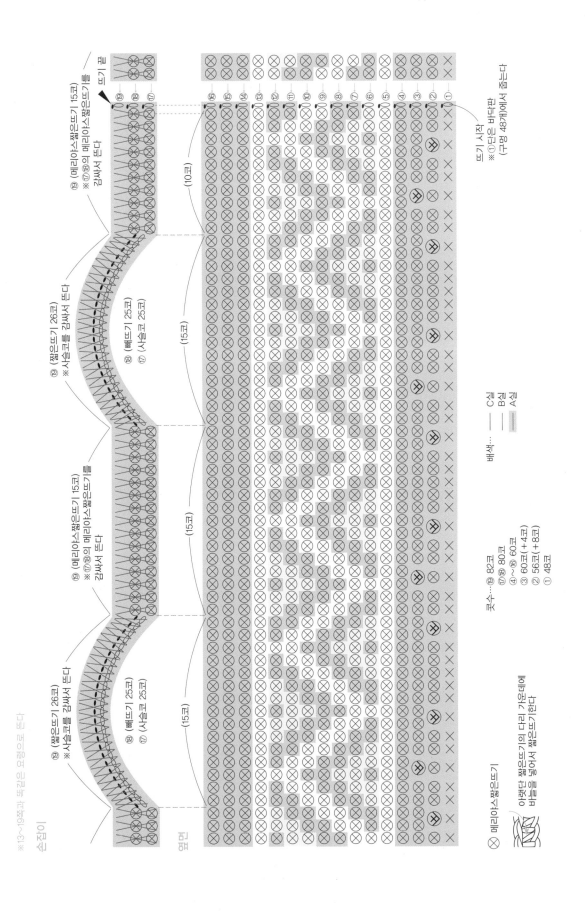

09
한길긴뜨기로 만드는 마르셰백 〉 24쪽

TYPE：C

실	즈파게티 [D]
	Blue 604g(0.7볼)
기타	지름 20cm 바닥판([H] H204-619 / 구멍 60개)···1장
	스웨이드 끈···50cm
	시판 코드 스토퍼···1개
바늘	코바늘 7.5/0호(바닥판은 7/0호), 돗바늘
게이지	10코×4단=10cm×10cm
완성 치수	지름 20cm×높이 21cm

뜨는 방법

1. **옆면 ①~⑧** ： 바닥판을 사용해서 뜨기 시작하고 7/0호로 1단은 짧은뜨기, 7.5/0호로 2~8단은 한길긴뜨기 이랑뜨기한다.

2. **손잡이 ⑨~⑪**： 옆면에서 이어 뜨고 마지막 단은 빼뜨기한다 (사슬코 부분은 짧은뜨기로 통째로 감싸서 뜬다).

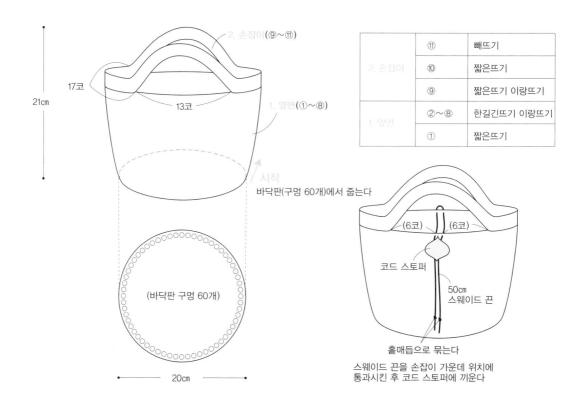

2. 손잡이	⑪	빼뜨기
	⑩	짧은뜨기
	⑨	짧은뜨기 이랑뜨기
1. 옆면	②~⑧	한길긴뜨기 이랑뜨기
	①	짧은뜨기

21cm

2. 손잡이(⑨~⑪)

17코

13코

1. 옆면(①~⑧)

시작
바닥판(구멍 60개)에서 줍는다

(바닥판 구멍 60개)

20cm

(6코)　(6코)

코드 스토퍼

50cm
스웨이드 끈

홑매듭으로 묶는다

스웨이드 끈을 손잡이 가운데 위치에
통과시킨 후 코드 스토퍼에 끼운다

※13~19쪽과 똑같은 요령으로 뜬다

손잡이

⑪ (짧은뜨기 26코)
※사슬코를 감싸서 뜬다
⑩ (빼뜨기 25코)
⑨ (사슬코 25코
⑪ (짧은뜨기 26코)
※사슬코를 감싸서 뜬다
⑩ (빼뜨기 25코)
⑨ (사슬코 25코
뜨기 끝
⑪
⑩
⑨
옆면
(13코)
(17코)
(13코)
(11코)
⑧
⑦
⑥
⑤
④
③
②
①

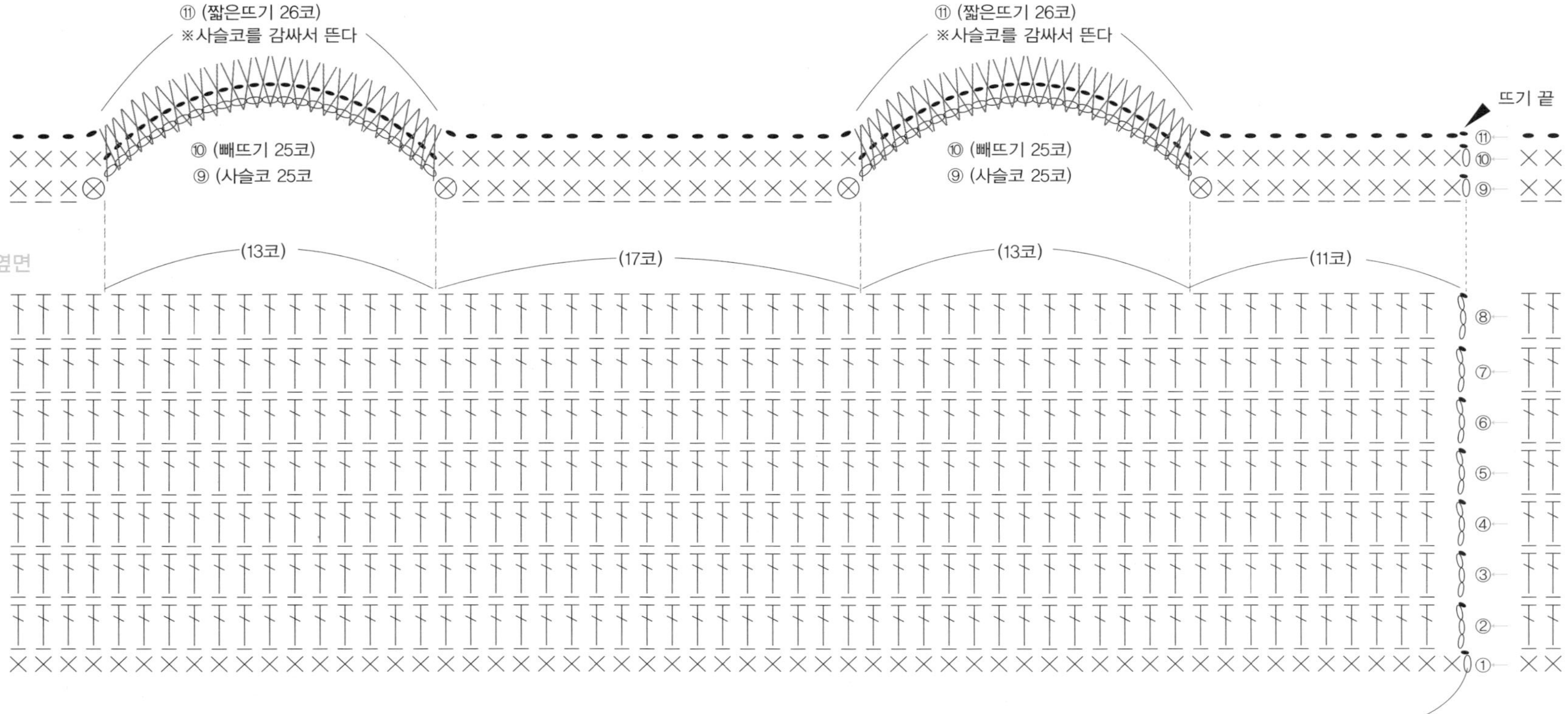

뜨기 시작
※①단은 바닥판
(구멍 60개)에서 줍는다

콧수…⑪ 86코
⑨⑩ 84코
①~⑧ 60코

한길긴뜨기 이랑뜨기

짧은뜨기 이랑뜨기

메리야스짧은뜨기

아랫단 짧은뜨기의 다리 가운데에
바늘을 넣어서 짧은뜨기한다

11
프린지를 단 버킷백 > 25쪽

TYPE : C

실	즈파게티 [D]
	Dark Grey 821g(1.3볼)
기타	지름 15.6㎝ 바닥판([H] H204-596-2 / 구멍 48개)…1장
	안쪽 길이 1.7㎝ D링…2개
	길이 3.6㎝ 걸고리…2개
	코드 스토퍼용 가죽…5㎝×10㎝
	지름 0.48㎝ 리벳…2세트
바늘	코바늘 8/0호(바닥판은 7/0호), 돗바늘
게이지	9코×9단=10㎝×10㎝
완성 치수	지름 15.6㎝×높이 22㎝

뜨는 방법

1. **옆면 ①~㉓** : 바닥판을 사용해서 뜨기 시작하고 1~14단은 짧은뜨기(1단만 7/0호로 뜬다). 15단은 1~30코를 짧은뜨기 이랑뜨기, 31~60코까지 짧은뜨기한다. 16단은 짧은뜨기, 17단은 1~30코를 짧은뜨기 이랑뜨기, 31~60코까지 짧은뜨기한다. 18~22단은 짧은뜨기하고 23단은 둘레 전체를 빼뜨기한다. 프린지는 이랑뜨기 부분에 연결해서 가지런히 자른다.
2. **입구 여밈끈** : 90㎝짜리 실 3가닥으로 세줄땋기해서 만든다. 옆면에 끼워서 코드 스토퍼에 통과시킨 후 끝에 태슬을 단다.
3. **어깨끈** : 사슬뜨기로 60㎝를 뜨고 코산을 주워 빼뜨기해서 되돌아간다. ※끝부분을 걸고리에 끼운다.

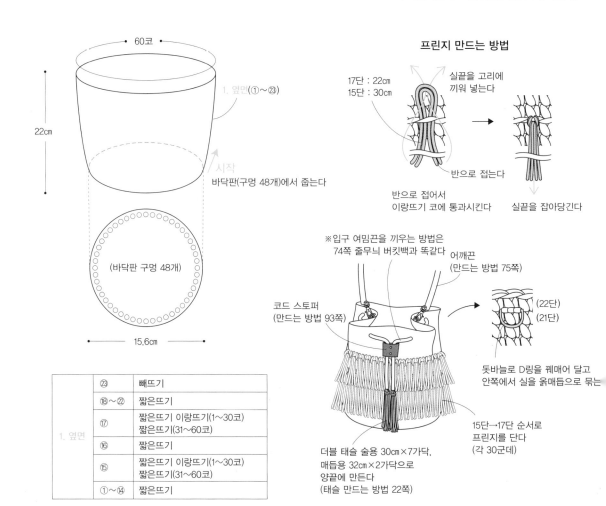

프린지 만드는 방법

17단 : 22cm
15단 : 30cm

실끝을 고리에 끼워 넣는다

반으로 접는다

반으로 접어서 이랑뜨기 코에 통과시킨다

실끝을 잡아당긴다

60코

22㎝

시작

바닥판(구멍 48개)에서 줍는다

1. 옆면(①~㉓)

(바닥판 구멍 48개)

15.6㎝

※입구 여밈끈을 끼우는 방법은 74쪽 줄무늬 버킷백과 똑같다

어깨끈 (만드는 방법 75쪽)

코드 스토퍼 (만드는 방법 93쪽)

(22단) (21단)

돗바늘로 D링을 꿰매어 달고 안쪽에서 실을 옭매듭으로 묶는다

더블 태슬 술용 30㎝×7가닥, 매듭용 32㎝×2가닥으로 양끝에 만든다 (태슬 만드는 방법 22쪽)

15단→17단 순서로 프린지를 단다 (각 30군데)

1. 옆면	㉓	빼뜨기
	⑱~㉒	짧은뜨기
	⑰	짧은뜨기 이랑뜨기(1~30코) 짧은뜨기(31~60코)
	⑯	짧은뜨기
	⑮	짧은뜨기 이랑뜨기(1~30코) 짧은뜨기(31~60코)
	①~⑭	짧은뜨기

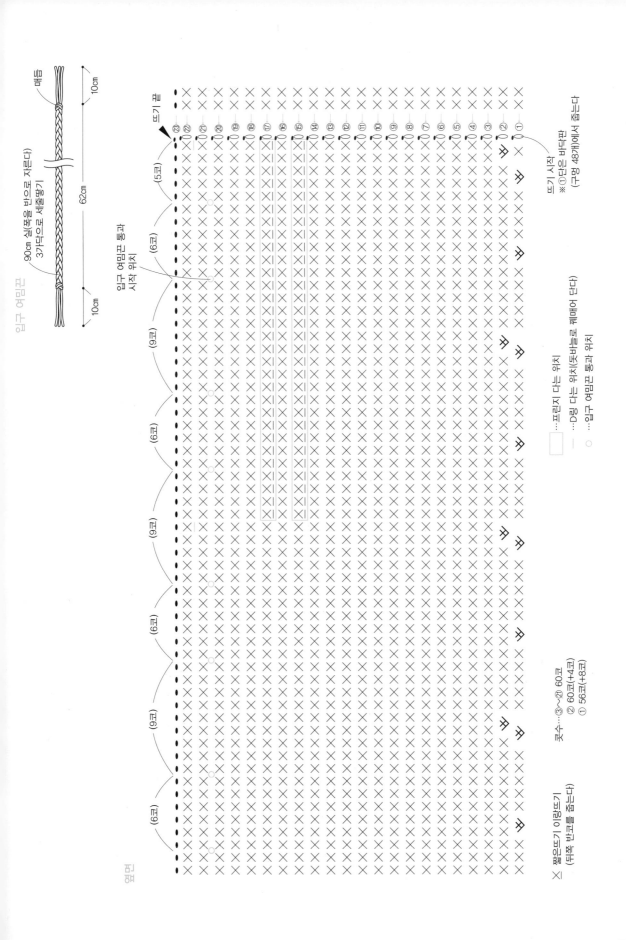

입구 여밈끈

매듭

90cm 실(폭을 반으로 자른다) 3가닥으로 세줄땋기

10cm
62cm
10cm

입구 여밈끈 통과 시작 위치

뜨기 끝

뜨기 시작

※①단은 바닥판
(구멍 48개)에서 줍는다

…프린지 다는 위치

… D링 다는 위치(돗바늘로 꿰매어 단다)

…입구 여밈끈 통과 위치

콧수…③~㉒ 60코
㉒ 60코(+4코)
① 56코(+8코)

짧은뜨기 이랑뜨기
(뒤쪽 반코를 줍는다)

× 짧은뜨기

옆면

12
줄무늬 버킷백 › 25쪽

TYPE : C

실	즈파게티 [D]
	A : Beige 456g(0.6볼)
	B : Blue 149g(0.2볼)
기타	지름 15.6cm 바닥판([H] H204-596-2 / 구멍 48개)…1장
	안쪽 길이 1.6cm D링…2개
	길이 3.6cm 걸고리…2개
	시판 코드 스토퍼…1개
바늘	코바늘 8/0호(바닥판은 7/0호), 돗바늘
게이지	9코×9단=10cm×10cm
완성 치수	지름 15.6cm×높이 21cm

뜨는 방법

1. 옆면 ①~㉑ : 바닥판을 사용해서 A실로 뜨기 시작하고 1~4단은 짧은뜨기(1단만 7/0호), 5~16단은 A, B실로 지정한 단 외에는 각각 감싸서 뜨지 않고 쉬게 해서 짧은뜨기로 줄무늬를 뜬다. 17~20단은 짧은뜨기, 21단은 둘레 전체를 빼뜨기한다.
2. 입구 여밈끈 : 100cm짜리 A실 3가닥으로 세줄땋기해서 만든다. 옆면에 끼워서 코드 스토퍼에 통과시킨다.
3. 어깨끈 : A실로 사슬뜨기 60cm를 뜨고 코산을 주워 빼뜨기해서 되돌아간다. ※끝부분을 걸고리에 끼운다.

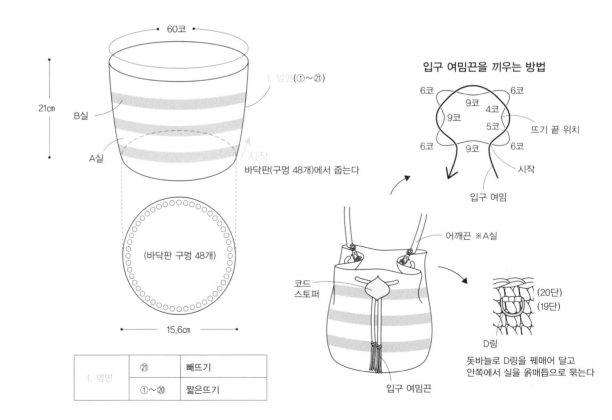

60코

21cm

1. 옆면(①~㉑)

B실

A실

시작

바닥판(구멍 48개)에서 줍는다

(바닥판 구멍 48개)

15.6cm

입구 여밈끈을 끼우는 방법

6코 6코
9코 4코
9코 5코
6코 9코 6코

뜨기 끝 위치

시작

입구 여밈

코드 스토퍼

어깨끈 ※A실

입구 여밈끈

(20단)
(19단)

D링

돗바늘로 D링을 꿰매어 달고 안쪽에서 실을 옭매듭으로 묶는다

1. 옆면	㉑	빼뜨기
	①~⑳	짧은뜨기

74

어깨끈
※A실

뜨기 끝 ◀
뜨기 시작

빼뜨기의 처음과 마지막은 코바늘을 빼고 실을 걸고리에 통과시킨 후에 뜬다

①─── 코산을 줍는다

60cm

입구 여밈끈
※A실

매듭

100cm 실(폭을 반으로 자른다)
3가닥으로 세줄땋기

10cm
70cm
10cm

입구 여밈끈 통과 시작 위치

(5코) (6코) (9코) (6코) (9코) (6코) (9코) (6코) (9코) (6코)

뜨기 끝 ◀
뜨기 끝 ◀

B실
B실

㉑ ⑳ ⑲ ⑱ ⑰ ⑯ ⑮ ⑭ ⑬ ⑫ ⑪ ⑩ ⑨ ⑧ ⑦ ⑥ ⑤ ④ ③ ② ①

뜨기 시작
※①단은 바닥판
(구멍 48개)에서 줍는다

옆면

----D링 다는 위치(돗바늘로 꿰매어 단다)
○····입구 여밈끈 통과 위치

배색······ ──── A실
     B실

콧수····③~㉑ 60코
   ② 60코(+4코)
   ① 56코(+8코)

75

13, 14
바구니뜨기로 만드는 버킷백 > 26쪽

TYPE : C

실	리본XL [D]
	〈민무늬〉
	A : Caramel 105g(0.4볼)
	B : Riverside Jeans 170g(0.7볼)
	〈줄무늬〉
	A : Caramel 105g(0.4볼)
	B : Sandy Ecru 105g(0.4볼)
	C : Early Dew 65g(0.3볼)
기타	지름 15.6cm 바닥판([H] H204-596-2 / 구멍 48개)…각 1장
	안쪽 길이 1.5~2.2cm D링…각 2개
	길이 2.8cm 걸고리…각 2개
	시판 코드 스토퍼…각 1개
바늘	코바늘 7/0호, 돗바늘
게이지	(한길긴뜨기 이랑뜨기) 12.5코×6단=10cm×10cm
완성 치수	지름 15.6cm×높이 19cm

뜨는 방법

1. **옆면 ①~⑬** : 바닥판을 사용해서 A실로 뜨기 시작하고 1단은 짧은뜨기, 2~5단은 바구니뜨기한다. 6~12단은 한길긴뜨기 이랑뜨기하고〈민무늬〉는 B실, 〈줄무늬〉는 B, C실로 줄무늬대로 단마다 실을 바꿔, 사용하지 않는 실은 감싸서 뜨지 않고 쉬게 한다. 13단은 둘레 전체를 빼뜨기한다.

2. **입구 여밈끈** : 120cm짜리 B실 3가닥으로 세줄땋기해서 만든다. 옆면에 끼워서 코드 스토퍼에 연결한다.

3. **어깨끈** : B실로 사슬뜨기 60cm를 뜨고 코산을 주워 빼뜨기해서 되돌아간다. ※끝부분을 걸고리에 끼운다.

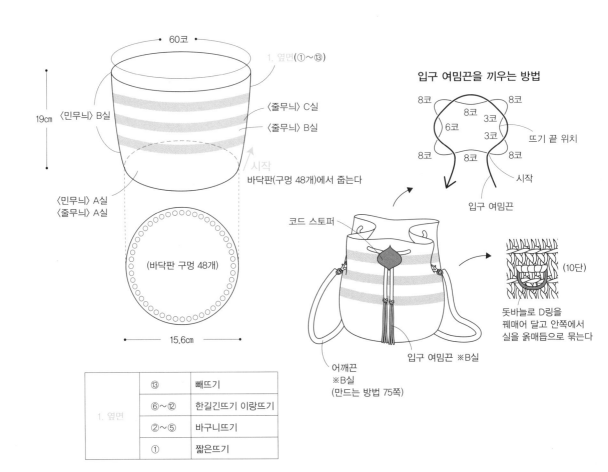

60코

1. 옆면(①~⑬)

19cm

〈민무늬〉 B실
〈줄무늬〉 B실

〈줄무늬〉 C실
〈줄무늬〉 B실

시작

〈민무늬〉 A실
〈줄무늬〉 A실

바닥판(구멍 48개)에서 줍는다

(바닥판 구멍 48개)

15.6cm

입구 여밈끈을 끼우는 방법

8코 8코
8코
3코
6코
3코
8코 8코 8코

뜨기 끝 위치
시작
입구 여밈끈

코드 스토퍼

입구 여밈끈 ※B실

(10단)

돗바늘로 D링을 꿰매어 달고 안쪽에서 실을 옭매듭으로 묶는다

어깨끈
※B실
(만드는 방법 75쪽)

1. 옆면	⑬	빼뜨기
	⑥~⑫	한길긴뜨기 이랑뜨기
	②~⑤	바구니뜨기
	①	짧은뜨기

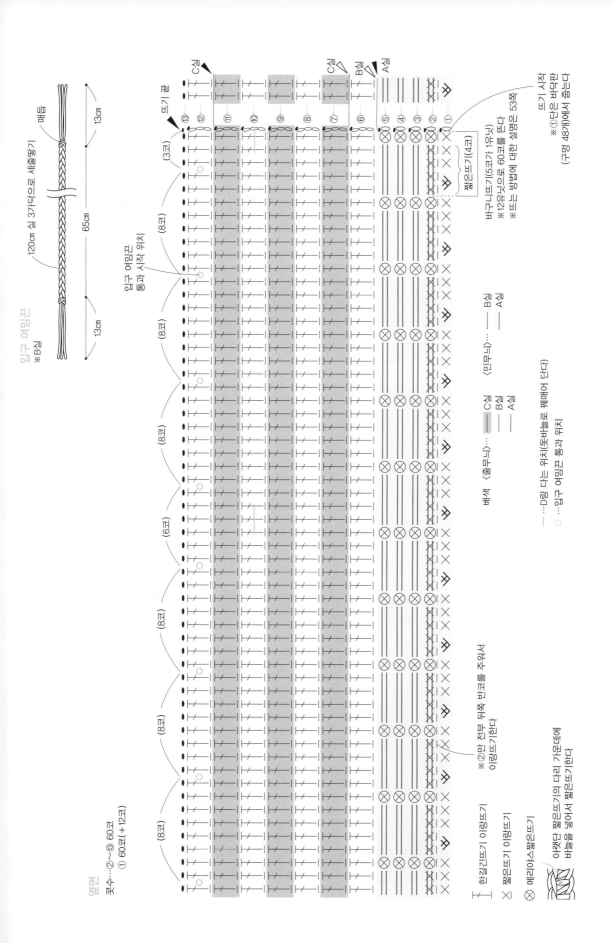

뜨기 끝

C실
C실
B실
A실

뜨기 끝

13⑫⑪⑩⑨⑧⑦⑥⑤④③②①

(3코)

(8코)

(8코)

(8코)

(8코)

(6코)

(8코)

(8코)

(8코)

(8코)

짧은뜨기(4코)

바구니뜨기(5코가 1유닛)
※12유닛으로 60코를 뜬다
※뜨는 방법에 대한 설명은 53쪽

뜨기 시작
※①단은 바닥판
(구멍 48개)에서 잡는다

뜨기 시작

임구 여밈끈
※B실

120cm 실 37가닥으로 세줄땋기
매듭

13cm

65cm

13cm

임구 여밈끈 통과 시작 위치

임구 여밈끈 통과 위치

열면

콧수...②~⑬ 60코
① 60코(+12코)

배색 〈줄무늬〉… C실 〈민무늬〉… B실
                   B실   A실
                   A실

— …D링 다는 위치(돗바늘로 꿰매어 단다)
○ …임구 여밈끈 통과 위치

┃ 한길긴뜨기 이랑뜨기
× 짧은뜨기
⊗ 메리야스짧은뜨기

※②단 전부 뒤쪽 반코를 주워서
이랑뜨기한다

이랫단 짧은뜨기의 다리 가운데에
바늘을 넣어서 짧은뜨기한다

77

16
글리터 컬러의 핸드백 > 29쪽

TYPE : B

실	리본XL [D]
	Silver Glitter 250g(1볼)
기타	가방용 금속 부자재(슬라이드 잠금 장식 [F] BK-7 실버)…
	1세트
	길이 36cm, 폭 0.6cm 체인([T] R367-68-69 / 옥시다이즈
	드)…1줄
바늘	코바늘 8/0호, 돗바늘
게이지	10코×11단=10cm×10cm
완성 치수	19cm×14cm×6cm

뜨는 방법

1. **바닥 ①~③** : 사슬뜨기로 시작코를 만든다. 1단은 반코와 코산을 주워서 가장자리까지 뜨고 반대쪽은 반코를 주워서 뜬다. 2~3단은 모서리에서 콧수를 늘린다.
2. **옆면 ④~⑰** : 바닥에서 이어 뜨고 코의 증감 없이 짧은뜨기한다.
3. **덮개 ⑱~㉙** : 옆면에서 이어 뜨고 편물을 돌려서 안쪽을 보며 1단을 짧은뜨기한다. 19~28단도 단마다 편물을 뒤집어가며 왕복뜨기한다. 29단은 뒤쪽 반코를 주워서 빼뜨기한다. 덮개와 옆면에 슬라이드 잠금 장식을 단다.

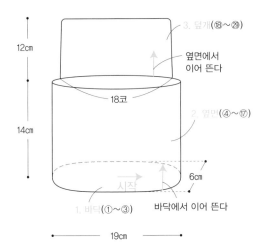

3. 덮개(⑱~㉙)
옆면에서
이어 뜬다
18코
2. 옆면(④~⑰)
12cm
14cm
시작
6cm
1. 바닥(①~③)
바닥에서 이어 뜬다
19cm

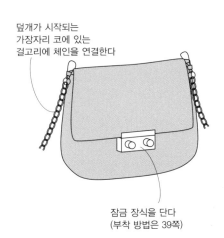

덮개가 시작되는
가장자리 코에 있는
걸고리에 체인을 연결한다

잠금 장식을 단다
(부착 방법은 39쪽)

3. 덮개	㉙	빼뜨기
	⑱~㉘	짧은뜨기
2. 옆면	④~⑰	짧은뜨기
1. 바닥	①~③	짧은뜨기

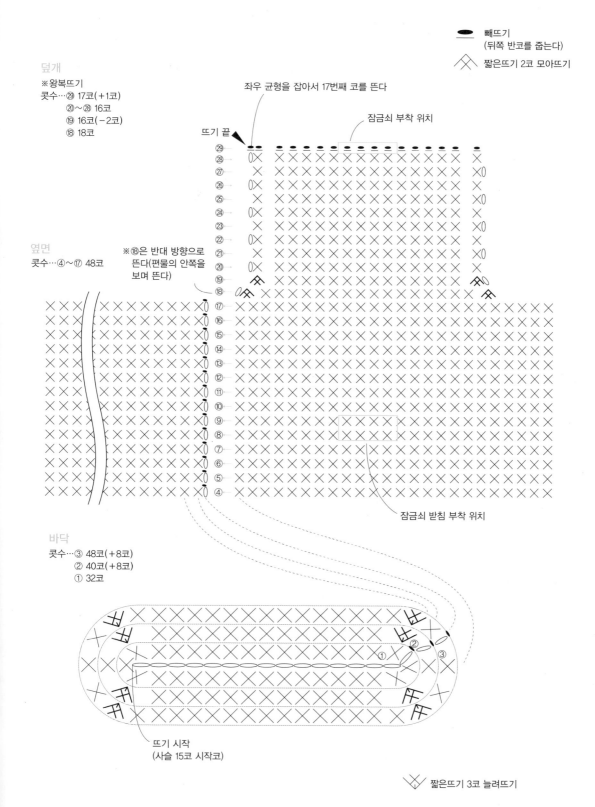

덮개
※왕복뜨기
콧수…㉙ 17코(+1코)
 ⑳~㉘ 16코
 ⑲ 16코(−2코)
 ⑱ 18코

좌우 균형을 잡아서 17번째 코를 뜬다

잠금쇠 부착 위치

뜨기 끝

옆면
콧수…④~⑰ 48코

※⑱은 반대 방향으로 뜬다(편물의 안쪽을 보며 뜬다)

빼뜨기
(뒤쪽 반코를 줍는다)

짧은뜨기 2코 모아뜨기

잠금쇠 받침 부착 위치

바닥
콧수…③ 48코(+8코)
 ② 40코(+8코)
 ① 32코

뜨기 시작
(사슬 15코 시작코)

짧은뜨기 3코 늘려뜨기

17
대나무 핸들 핸드백 > 30쪽 TYPE：B

실	A : 즈파게티 [D]
	Mix blue 452g(0.6볼)
	B : 리본XL [D]
	Black Night 70g(0.3볼)
기타	트위스트 잠금 장식([S] HKL–4GD / 골드)…1세트
	폭 16.5cm 대나무 가방손잡이([I] BB–13)…1세트
바늘	점보 코바늘 7mm, 10mm, 돗바늘
게이지	(짧은뜨기 이랑뜨기) 7코×7단=10cm×10cm
완성 치수	33cm×20cm×8cm

뜨는 방법

1. **바닥** ①~③ : 점보 코바늘 10mm를 사용해 A실로 사슬뜨기해서 시작코를 만든다. 1단은 사슬코 반코와 코산을 주워서 가장자리까지 짧은뜨기하고 반대쪽은 반코를 주워서 짧은뜨기한다. 2~3단은 뜨개 도안대로 콧수를 늘린다.

2. **옆면** ④~⑮ : 바닥에서 이어 뜨고 4~11단은 A실로 점보 코바늘 10mm를 사용해서 짧은뜨기 이랑뜨기(뒤쪽 반코를 줍는다), 12~15단은 B실로 바꿔 점보 코바늘 7mm를 사용해 짧은뜨기한 후 실을 잘라 처리한다.

3. **덮개** ①~⑪ : B실을 연결해 점보 코바늘 7mm를 사용해서 왕복뜨기한 후 실을 잘라 처리한다(9단에서 잠금 장식용 구멍을 사슬뜨기로 만든다).

3. 덮개(①~⑪)

B실

2. 옆면(④~⑮)

A실

바닥에서 이어 뜬다

1. 바닥(①~③)

11cm
5cm
15cm
10cm
28cm
9코
8cm
시작
33cm

트위스트 잠금 장식을 단다
※부착 방법은 39쪽

손잡이

손잡이 부착 위치에 돗바늘로 손잡이를 꿰매어 달고 안쪽에서 실을 묶는다

덮개
※왕복뜨기

콧수…⑪ 7코(-2코)
①~⑩ 9코

사슬뜨기를 감싸듯이 주워서 뜬다

잠금쇠 받침 부착 위치
※사슬코 3코로 구멍을 만든다

(덮개)뜨기 끝

× 짧은뜨기 이랑뜨기
(뒤쪽 반코를 줍는다)

옆면
콧수…④~⑮ 46코

(11코)   트위스트 잠금쇠 부착 위치   손잡이 부착 위치   (8코)

(옆면)뜨기 끝

뜨기 시작
(사슬 17코 시작코)

바닥

콧수… 46코(+6코)
② 40코(+4코)
① 36코

3. 덮개	①~⑪	짧은뜨기
2. 옆면	⑫~⑮	짧은뜨기
	④~⑪	짧은뜨기 이랑뜨기
1. 바닥	①~③	짧은뜨기

∨∨ 짧은뜨기 2코 늘려뜨기   ∨∨∨ 짧은뜨기 3코 늘려뜨기

10

한길긴뜨기로 만드는 물병 주머니 > 24쪽   TYPE : C

실	리본XL [D] Early Dew 115g(0.4볼)
기타	지름 7cm 바닥판([I] KBS-7L)…1장 안쪽 길이 2cm D링…1개 길이 3.8cm 걸고리…2개 스웨이드 끈…55cm 시판 코드 스토퍼…1개
바늘	코바늘 6/0호, 돗바늘
게이지	10코×4단=10cm×10cm
완성 치수	지름 7cm×높이 23cm

뜨는 방법

1. 옆면 ①~⑮ : 바닥판을 사용해서 뜨기 시작하고 1단은 짧은뜨기, 2~8단은 한길긴뜨기 이랑뜨기, 9~14단은 짧은뜨기 이랑뜨기한다. 15단은 빼뜨기한다. 끈을 끼워서 코드 스토퍼로 고정한다.

2. 손잡이 : 120cm 2가닥을 걸고리에 끼워서 네줄땋기한 후 걸고리를 편물의 옆부분에 연결한다.

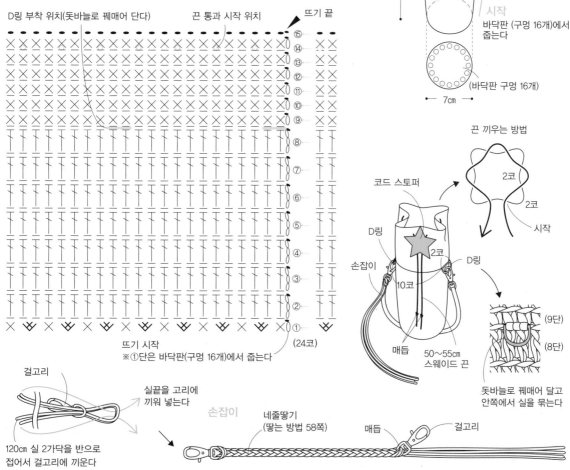

	⑮	빼뜨기
1. 옆면	⑨~⑭	짧은뜨기 이랑뜨기
	②~⑧	짧은뜨기 이랑뜨기
	①	짧은뜨기

✕ 짧은뜨기 이랑뜨기

⟂ 한길긴뜨기 이랑뜨기

18, 19
새발 격자무늬 핸드백 > 31쪽

> 31쪽

TYPE : B

실	〈덮개 없는 백〉 리본XL [D] A : Dried Herb 130g(0.5볼) B : Sandy Ecru 38g(0.2볼) 〈덮개 있는 백〉 리본XL [D] A : Earth Taupe 164g(0.7볼) B : Black Night 38g(0.2볼)
기타	〈덮개 없는 백〉 트위스트 잠금 장식([S] HKL-2GD / 골드)…1세트 U링([N] ME-G-1090 / 골드)…2개 〈덮개 있는 백〉 트위스트 잠금 장식([S] HKL-4GD / 골드)…1세트 U링([N] ME-G-1090 / 골드)…2개
바늘	점보 코바늘 7mm, 돗바늘
게이지	9.5코×12단=10cm×10cm
완성 치수	〈덮개 없는 백〉 21cm×14cm×2cm / 〈덮개 있는 백〉 21cm×15cm×2cm

뜨는 방법

〈덮개 없는 백〉
1. 바닥 ①~② : A실을 사용해서 사슬뜨기로 시작코를 만든다. 1단은 사슬코 반코와 코산을 주워서 가장자리까지 짧은뜨기하고, 반대쪽은 반코를 주워서 짧은뜨기한다. 2단은 뜨개 도안대로 콧수를 늘려가며 메리야스짧은뜨기한다.
2. 옆면 ③~⑲ : 바닥에서 이어 뜨고 3~4단은 A실로 메리야스짧은뜨기, 5~12단은 A, B실로 메리야스짧은뜨기해서 배색 무늬를 뜬다. 13~15단은 A실로 메리야스짧은뜨기, 16~18단은 A실로 짧은뜨기 이랑뜨기(17단은 잠금 장식용 구멍을 사슬코로 만든다), 19단은 빼뜨기한 뒤 실을 잘라 처리한다.
3. 손잡이 : A실을 사용해서 새우뜨기로 25cm를 뜬다.
〈덮개 있는 백〉
1. 바닥 ①~② : 〈덮개 없는 백〉과 공통.
2. 옆면 ③~⑱ : 3~15단은 〈덮개 없는 백〉과 공통. 16~18단은 메리야스짧은뜨기한다.
3. 덮개 ⑲~㉗ : 옆면에서 이어 뜨고 A실을 사용해 짧은뜨기로 왕복뜨기한 후(25단은 잠금 장식용 구멍을 사슬코로 만든다) 실을 잘라 처리한다.
4. 손잡이 : 〈덮개 없는 백〉과 공통.

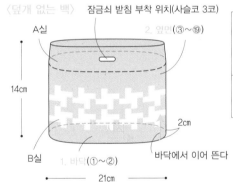

〈덮개 없는 백〉
잠금쇠 받침 부착 위치(사슬코 3코)
A실
2. 옆면(③~⑲)
14cm
2cm
B실
1. 바닥(①~②)
바닥에서 이어 뜬다
21cm

	⑲	빼뜨기
2. 옆면	⑯~⑱	짧은뜨기 이랑뜨기
	③~⑮	메리야스짧은뜨기
1. 바닥	②	메리야스짧은뜨기
	①	짧은뜨기

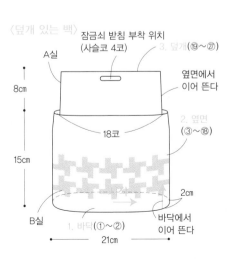

〈덮개 있는 백〉
잠금쇠 받침 부착 위치
(사슬코 4코)
3. 덮개(⑲~㉗)
A실
옆면에서 이어 뜬다
8cm
2. 옆면(③~⑱)
18코
15cm
2cm
B실
1. 바닥(①~②)
바닥에서 이어 뜬다
21cm

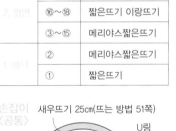

손잡이 〈공통〉
새우뜨기 25cm(뜨는 방법 51쪽)
U링

실끝을 U링에
서너 번 감아서 연결한다
※연결 방법은 51쪽
덮개에 단다

트위스트 잠금 장식 ※금속 부자재 부착 방법은 39쪽

3. 덮개	㉗	빼뜨기
	⑲~㉖	짧은뜨기
2. 옆면	③~⑱	메리야스짧은뜨기
1. 바닥	②	메리야스짧은뜨기
	①	짧은뜨기

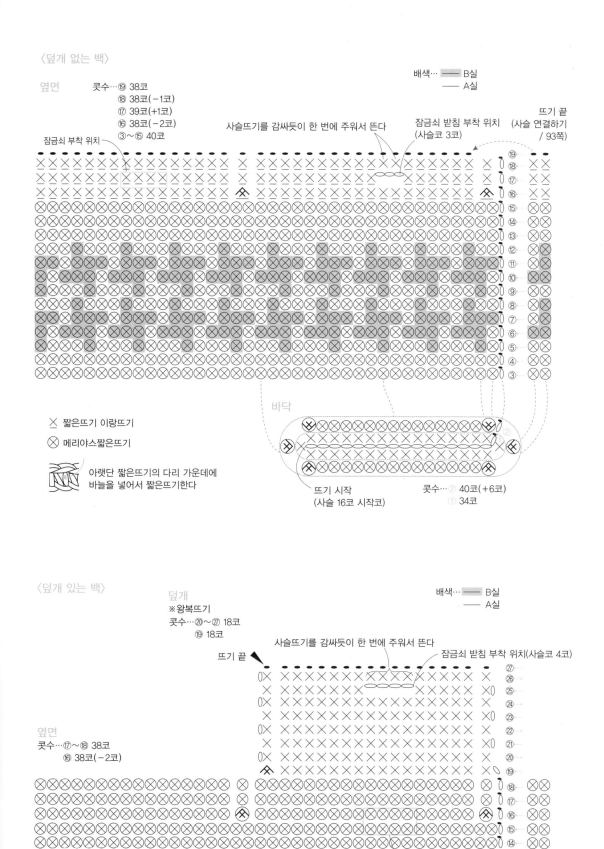

〈덮개 없는 백〉

옆면　　콧수…⑲ 38코
　　　　　　　⑱ 38코(−1코)
　　　　　　　⑰ 39코(+1코)
　　　　　　　⑯ 38코(−2코)
　　　　　　　③〜⑮ 40코

잠금쇠 부착 위치

사슬뜨기를 감싸듯이 한 번에 주워서 뜬다

배색… B실
―― A실

잠금쇠 받침 부착 위치
(사슬코 3코)

뜨기 끝
(사슬 연결하기
/ 93쪽)

✕　짧은뜨기 이랑뜨기

⊗　메리야스짧은뜨기

아랫단 짧은뜨기의 다리 가운데에
바늘을 넣어서 짧은뜨기한다

바닥

뜨기 시작
(사슬 16코 시작코)

콧수…② 40코(+6코)
　　　① 34코

〈덮개 있는 백〉

덮개
※왕복뜨기
콧수…⑳〜㉗ 18코
　　　⑲ 18코

뜨기 끝

사슬뜨기를 감싸듯이 한 번에 주워서 뜬다

배색… B실
―― A실

잠금쇠 받침 부착 위치(사슬코 4코)

옆면
콧수…⑰〜⑱ 38코
　　　⑯ 38코(−2코)

※바닥과 옆면 ①〜⑮는 〈덮개 없는 백〉과 공통

잠금쇠 부착 위치

20
나비무늬 핸드백 › 32쪽

TYPE : B

실	리본XL [D]
	A : Riverside Jeans 130g(0.6볼)
	B : Caramel 182g(0.7볼)
바늘	점보 코바늘 7mm, 돗바늘
게이지	9.5코×12단=10cm×10cm
완성 치수	27.5cm×21cm×2cm

뜨는 방법

1. **바닥 ①~③** : A실을 사용해서 사슬뜨기로 시작코를 만든다. 1단은 B실을 붙여 감싸서 뜨며 사슬코 반코와 코산을 주워서 가장자리까지 짧은뜨기한다. 반대쪽은 B실로 바꾸고 A실을 감싸서 뜨며 나머지 반코를 주워 짧은뜨기한다. 2~3단은 뜨개 도안대로 콧수를 늘려가며 메리야스짧은뜨기한다.

2. **옆면 ④~㉓** : 바닥에서 이어 뜨고 앞쪽은 A실, 뒤쪽은 B실로 바꿔서 각각 쉬게 한 실을 감싸 뜨며 메리야스짧은뜨기한다 (6~17단의 앞쪽은 A, B실로 배색 무늬를 뜬다).

3. **손잡이 ㉔~㉕** : 옆면에서 이어 똑같은 방법으로 뜬다. 실을 잘라서 처리하고 손잡이의 곡선 부분을 B실로 감는다.

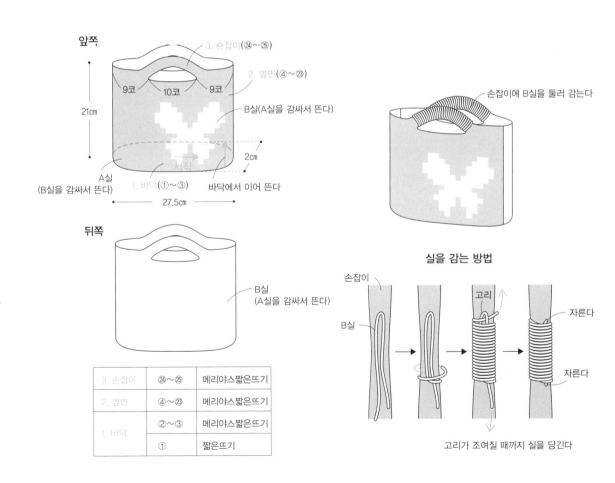

앞쪽

9코 10코 9코

21cm

B실(A실을 감싸서 뜬다)

2cm

A실
(B실을 감싸서 뜬다)

1. 바닥(①~③)

바닥에서 이어 뜬다

27.5cm

시작

3. 손잡이(㉔~㉕)

2. 옆면(④~㉓)

손잡이에 B실을 둘러 감는다

뒤쪽

B실
(A실을 감싸서 뜬다)

실을 감는 방법

손잡이

B실

고리

자른다

자른다

고리가 조여질 때까지 실을 당긴다

3. 손잡이	㉔~㉕	메리야스짧은뜨기
2. 옆면	④~㉓	메리야스짧은뜨기
1. 바닥	②~③	메리야스짧은뜨기
	①	짧은뜨기

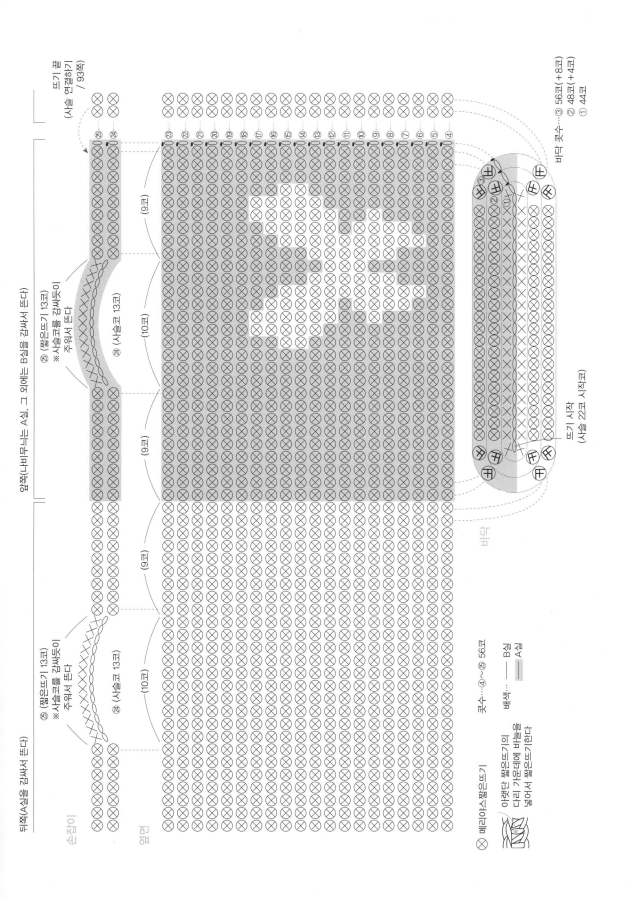

옆쪽(네바무늬는 A실, 그 외에는 B실)을 감싸서 뜬다

뒤쪽(A실을 감싸서 뜬다)

뜨기 끝
(사슬 연결하기 / 93쪽)

25 (짧은뜨기) 13코
※사슬코를 감싸듯이
주워서 뜬다

24 (사슬코 13코)

(9코)

(9코)

(10코)

(9코)

바닥 콧수… ③ 56코(+8코)
② 48코(+4코)
① 44코

뜨기 시작
(사슬 22코 시작코)

바닥

25 (짧은뜨기) 13코
※사슬코를 감싸듯이
주워서 뜬다

24 (사슬코 13코)

(10코)

손잡이

옆면

콧수…④~25 56코

배색… ── B실
──── A실

⊗ 메리야스짧은뜨기

아랫단 짧은뜨기의
다리 가운데에 바늘을
넣어서 짧은뜨기한다

85

21, 22
레이스 덮개 핸드백 > **33쪽**

TYPE : B

실	〈보라색〉
	A : 즈파게티 [D]
	Violet 530g(0.7볼)
	리본XL [D]
	B : Earth Taupe 52g(0.2볼)
	C : Spicy Ocre 48g(0.2볼)
	〈베이지색〉
	A : 즈파게티 [D]
	Beige 530g(0.7볼)
	리본XL [D]
	B : Dried Herb 52g(0.2볼)
	C : Riverside Jeans 48g(0.2볼)
기타	지름 1.5cm 자석단추…각 1세트
	재봉용 실…적당량
바늘	점보 코바늘 7mm, 10mm, 돗바늘, 재봉용 바늘
게이지	(짧은뜨기 이랑뜨기) 7코×7단=10cm×10cm
완성 치수	완성 치수 33cm×20cm×3cm

뜨는 방법

1. 바닥 ①~③ : 점보 코바늘 10mm를 사용해서 A실로 사슬뜨기해서 시작코를 만든다. 1단은 사슬코 반코와 코산을 주워서 가장자리까지 짧은뜨기하고 반대쪽은 남은 반코를 주워서 짧은뜨기한다. 2~3단은 뜨개 도안대로 콧수를 늘린다.

2. 옆면 ④~⑮ : 바닥에서 이어 뜨고 4~11단은 점보 코바늘 10mm를 사용해서 A실로 짧은뜨기 이랑뜨기(앞쪽 반코를 줍는다)한다. 12~15단은 점보 코바늘 10mm를 사용해서 B실로 바꿔 짧은뜨기한 뒤 실을 잘라 처리한다.

3. 덮개 ①~⑫ : C실을 연결해서 점보 코바늘 7mm로 왕복뜨기한 뒤 실을 잘라 처리한다.

4. 손잡이 : 점보 코바늘 7mm를 사용해서 A실로 새우뜨기 28cm 2줄을 뜬다.

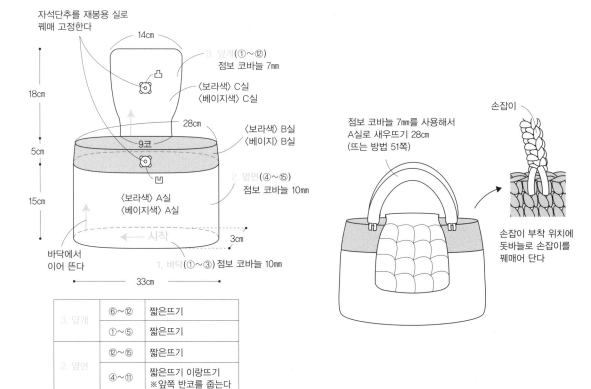

자석단추를 재봉용 실로 꿰매 고정한다

14cm

3. 덮개(①~⑫) 점보 코바늘 7mm

〈보라색〉 C실
〈베이지색〉 C실

18cm

〈보라색〉 B실
〈베이지색〉 B실

28cm

5cm

9코

2. 옆면(④~⑮) 점보 코바늘 10mm

〈보라색〉 A실
〈베이지색〉 A실

15cm

← 시작

3cm

바닥에서 이어 뜬다

1. 바닥(①~③) 점보 코바늘 10mm

33cm

점보 코바늘 7mm를 사용해서 A실로 새우뜨기 28cm (뜨는 방법 51쪽)

손잡이

손잡이 부착 위치에 돗바늘로 손잡이를 꿰매어 단다

3. 덮개	⑥~⑫	짧은뜨기
	①~⑤	짧은뜨기
2. 옆면	⑫~⑮	짧은뜨기
	④~⑪	짧은뜨기 이랑뜨기 ※앞쪽 반코를 줍는다
1. 바닥	①~③	짧은뜨기

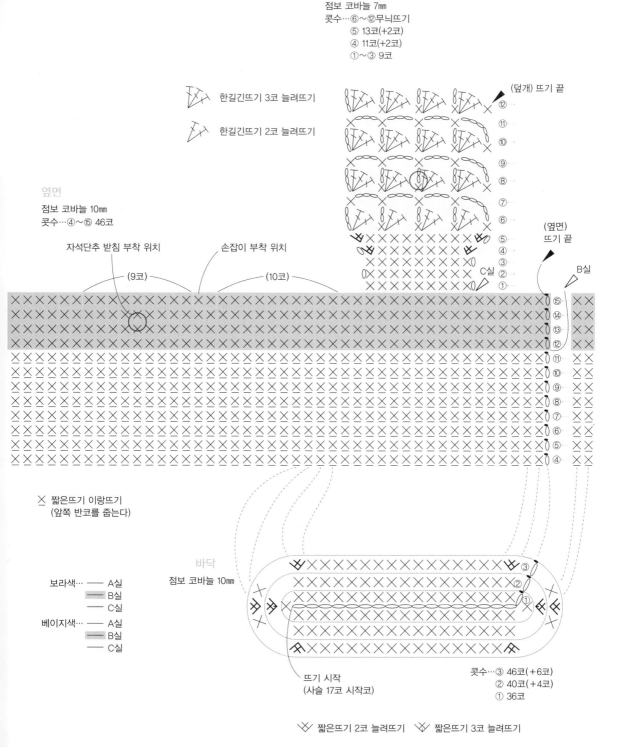

덮개 　※왕복뜨기

점보 코바늘 7mm
콧수…⑥～⑫무늬뜨기
　　⑤ 13코(+2코)
　　④ 11코(+2코)
　　①～③ 9코

한길긴뜨기 3코 늘려뜨기

한길긴뜨기 2코 늘려뜨기

(덮개) 뜨기 끝

⑫
⑪
⑩
⑨
⑧
⑦
⑥
⑤
④
③
②
①

C실

옆면

점보 코바늘 10mm
콧수…④～⑮ 46코

(옆면)
뜨기 끝

B실

자석단추 받침 부착 위치

손잡이 부착 위치

(9코)　　　　(10코)

⑮
⑭
⑬
⑫
⑪
⑩
⑨
⑧
⑦
⑥
⑤
④

짧은뜨기 이랑뜨기
(앞쪽 반코를 줍는다)

바닥
점보 코바늘 10mm

보라색… ── A실
　　　　━━ B실
　　　　── C실

베이지색… ── A실
　　　　　━━ B실
　　　　　── C실

③
②
①

뜨기 시작
(사슬 17코 시작코)

콧수…③ 46코(+6코)
　　② 40코(+4코)
　　① 36코

짧은뜨기 2코 늘려뜨기　　짧은뜨기 3코 늘려뜨기

23 원핸들 버킷백
24 원핸들 미니 버킷백 > 40쪽

TYPE : A

실	리본XL [D]	뜨는 방법	

실   리본XL [D]
〈대〉
A : Black Night 402g(1.6볼)
B : Happy Mint 12g(0.1볼)
〈소〉
A : Iced Apricot 246g(1볼)
B : Earth Taupe 9g(0.1볼)

기타   안쪽 길이 3cm 버클([N] MP3748-25AG)
…각 1개
지름 1.5cm 자석단추([N] SM2-1PCS)…각 1세트
재봉용 실…적당량

바늘   코바늘 10/0호, 돗바늘, 재봉용 바늘

게이지   10코×11단=10cm×10cm

완성 치수   〈대〉지름 21cm×높이 23cm
〈소〉지름 17cm×높이 18.5cm

뜨는 방법
〈대 / 소〉

1. 바닥 ①~⑧ / ①~⑥ : A실을 사용해서 원형뜨기로 시작코를 만들고 뜨개 도안대로 각 단마다 8코씩 콧수를 늘려가며 짧은뜨기한다.

2. 옆면 ⑨~㉝ / ⑦~㉖ : 바닥에서 이어 뜨고 A실로 콧수 증감 없이 짧은뜨기한 후 실을 잘라 처리한다.

3. 테두리 ① : B실을 연결해서 뜨고 끝부분은 사슬 연결하기로 처리한다.

4. 손잡이 ①~③ : A실로 사슬 시작코를 만들고 1단은 코산을 주워 짧은뜨기하며, 3단까지 왕복뜨기한다.

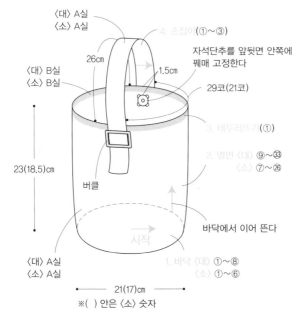

〈대〉A실
〈소〉A실

4. 손잡이(①~③)

26cm

1.5cm

자석단추를 앞뒷면 안쪽에 꿰매 고정한다

〈대〉B실
〈소〉B실

29코(21코)

3. 테두리뜨기(①)

23(18.5)cm

2. 옆면〈대〉⑨~㉝
〈소〉⑦~㉖

버클

시작

바닥에서 이어 뜬다

〈대〉A실
〈소〉A실

1. 바닥〈대〉①~⑧
〈소〉①~⑥

21(17)cm

※( ) 안은 〈소〉 숫자

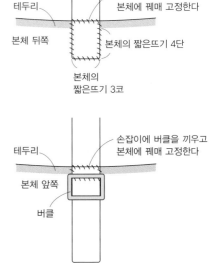

손잡이 다는 방법

손잡이
테두리
본체 뒤쪽

손잡이의 뜨기 끝부분 실을 돗바늘에 끼워서 본체에 꿰매 고정한다

본체의 짧은뜨기 4단

본체의 짧은뜨기 3코

테두리
본체 앞쪽
버클

손잡이에 버클을 끼우고 본체에 꿰매 고정한다

4. 손잡이	①~③	짧은뜨기
3. 테두리	①	빼뜨기+사슬뜨기
2. 옆면	〈대〉⑨~㉝ 〈소〉⑦~㉖	짧은뜨기
1. 바닥	〈대〉①~⑧ 〈소〉①~⑥	짧은뜨기

손잡이

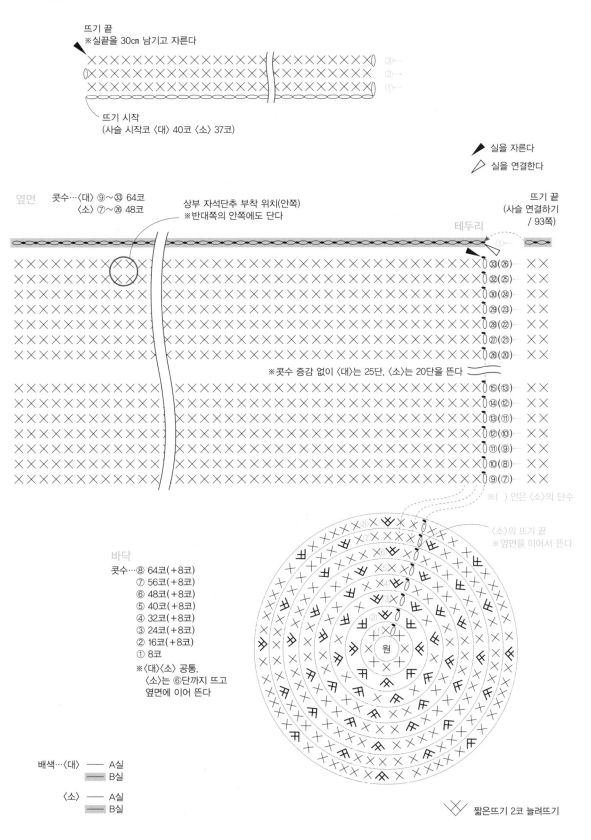

뜨기 끝
※실끝을 30㎝ 남기고 자른다

뜨기 시작
(사슬 시작코 〈대〉 40코 〈소〉 37코)

▶ 실을 자른다
◁ 실을 연결한다

옆면　콧수…〈대〉 ⑨~㉝ 64코
　　　　　　〈소〉 ⑦~㉖ 48코

상부 자석단추 부착 위치(안쪽)
※반대쪽의 안쪽에도 단다

뜨기 끝
(사슬 연결하기
/ 93쪽)

테두리

㉝(㉖)
㉜(㉕)
㉛(㉔)
㉚(㉓)
㉙(㉒)
㉘(㉑)
㉗(⑳)
㉖(⑳)

※콧수 증감 없이 〈대〉는 25단, 〈소〉는 20단을 뜬다

⑮(⑬)
⑭(⑫)
⑬(⑪)
⑫(⑩)
⑪(⑨)
⑩(⑧)
⑨(⑦)

※( ) 안은 〈소〉의 단수

〈소〉의 뜨기 끝
※옆면을 이어서 뜬다

바닥
콧수…⑧ 64코(+8코)
　　　⑦ 56코(+8코)
　　　⑥ 48코(+8코)
　　　⑤ 40코(+8코)
　　　④ 32코(+8코)
　　　③ 24코(+8코)
　　　② 16코(+8코)
　　　① 8코
　　　※〈대〉〈소〉 공통,
　　　　〈소〉는 ⑥단까지 뜨고
　　　　옆면에 이어 뜬다

원

배색…〈대〉 ── A실
　　　　　　 ▨▨ B실

　　　〈소〉 ── A실
　　　　　　 ▨▨ B실

짧은뜨기 2코 늘려뜨기

25 짧은뜨기로 만드는 미니 트렁크백
26 변형 짧은뜨기로 만드는 미니 트렁크백 > 41쪽

TYPE : C

실	리본XL [D]
	〈짧은뜨기〉
	Riverside Jeans 250g(1볼)
	〈무늬뜨기〉
	Dutch Orange 250g(1볼)
기타	19.8㎝×10㎝ 바닥판([H] H204-627 / 구멍 42개)
	…각 1장
	가방용 금속 부자재(슬라이드 금속 장식 [F] BK-7 /
	골드)…각 1세트
	〈짧은뜨기〉
	폭 0.6cm 어깨끈([I] 110S / 검은색)…1개
	〈무늬뜨기〉
	폭 0.6cm 어깨끈([I] 110G / 오프화이트)…1개
바늘	코바늘 7/0호, 돗바늘
게이지	〈짧은뜨기〉 12코×13단=10cm×10cm /
	〈무늬뜨기〉 12코×14단=10cm×10cm
완성 치수	〈짧은뜨기〉 19.8cm×13cm×10cm /
	〈무늬뜨기〉 19.8cm×12cm×10cm

뜨는 방법

〈공통〉
1. 옆면 ①~⑮ : 바닥판을 사용해서 뜨기 시작하고 〈짧은뜨기〉는
짧은뜨기, 〈무늬뜨기〉는 3~15단을 무늬뜨기한다.
2. 덮개 ①~⑧ : 사슬 시작코를 만든다. 1단은 사슬코 반코와 코산
을 주워 가장자리까지 짧은뜨기하고 반대쪽은 남
은 반코를 주워서 짧은뜨기한다. 2~8단은 뜨개
도안대로 콧수를 늘려서 뜬다.

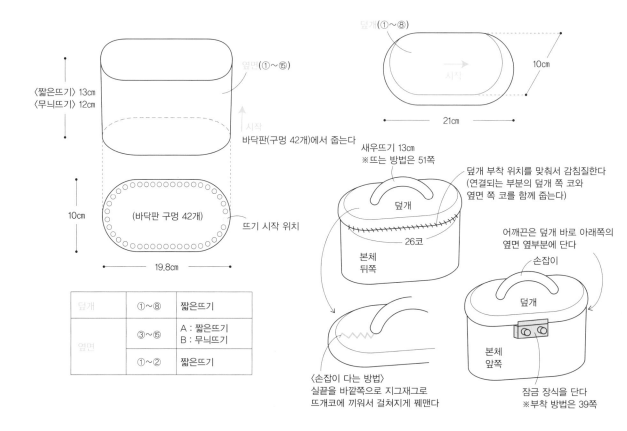

덮개	①~⑧	짧은뜨기
옆면	③~⑮	A : 짧은뜨기 B : 무늬뜨기
	①~②	짧은뜨기

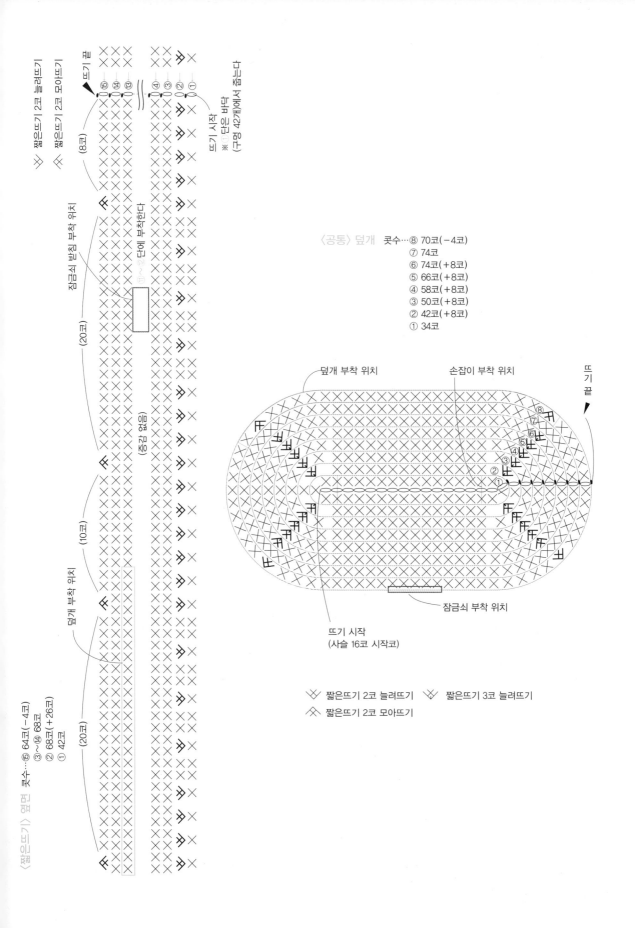

〈공통〉덮개 콧수…⑧ 70코(−4코)
⑦ 74코
⑥ 74코(+8코)
⑤ 66코(+8코)
④ 58코(+8코)
③ 50코(+8코)
② 42코(+8코)
① 34코

덮개 부착 위치

손잡이 부착 위치

뜨기 끝

⑧
⑦
⑥
④③②
①

잠금쇠 부착 위치

뜨기 시작
(사슬 16코 시작코)

⋎⋎ 짧은뜨기 2코 늘려뜨기   ⋎ 짧은뜨기 3코 늘려뜨기

⋏ 짧은뜨기 2코 모아뜨기

〈짧은뜨기〉옆면 콧수…⑮ 64코(−4코)
③~⑭ 68코
② 68코(+26코)
① 42코

(20코)

덮개 부착 위치

(10코)

잠금쇠 밸컴 부착 위치

(20코)

단에 부착한다

(증감 없음)

(8코)

뜨기 끝

⑮⑭⑬   ④③②①

뜨기 시작
※단은 바닥
(구멍 42개)에서 줍는다

⋎⋎ 짧은뜨기 2코 늘려뜨기

⋏ 짧은뜨기 2코 모아뜨기

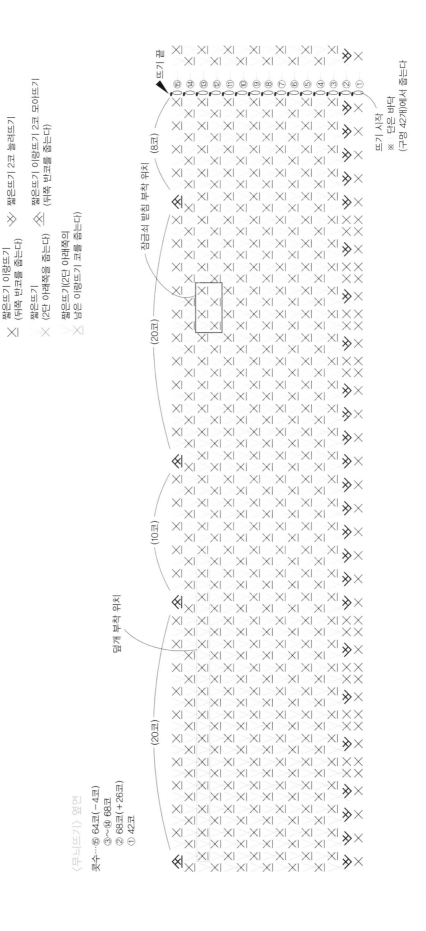

짧은뜨기 이랑뜨기
(뒤쪽 반코를 줍는다)

짧은뜨기 이랑뜨기 2코 늘려뜨기

짧은뜨기 이랑뜨기 2코 모아뜨기
(뒤쪽 반코를 줍는다)

짧은뜨기
(2단 아래쪽을 줍는다)

짧은뜨기(2단 아래쪽의
남은 이랑뜨기 코를 줍는다)

뜨기 끝

뜨기 시작
※ 단은 바닥
(구멍 42개)에서 줍는다

잠금쇠 받침 부착 위치

덮개 부착 위치

(8코)

(20코)

(10코)

(20코)

<무늬뜨기> 옆면

콧수…⑮ 64코(-4코)
③~⑭ 68코
② 68코(+26코)
① 42코

코드 스토퍼 만드는 방법

지도 / decoracja

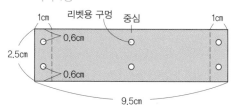

가죽 1장

1cm
리벳용 구멍
중심
1cm
0.6cm
2.5cm
0.6cm
9.5cm

※나무망치 대신 쇠망치, 고무판 대신 커팅매트를 사용할 경우에는 미끄럼 방지용 실리콘과 금속 부자재가 상하지 않도록 천을 위에 덧대세요

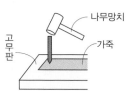

나무망치
고무판
가죽

① 지름 0.2cm 펀치를 사용해서 가죽에 리벳용 구멍 6개를 뚫는다

1cm 겹친다
지름 0.48cm
리벳
머리
리벳
다리
〈단면도〉

② 가죽을 두 번 접어 겹친 구멍에 리벳을 겉쪽과 안쪽에서 끼운다 고무판 위에 올려놓고 나무망치로 쳐서 단단히 끼운다

바닥징 부착 방법

송곳
바닥판

① 바닥판의 원하는 위치(4군데)에 표시를 하고 송곳으로 구멍을 뚫는다

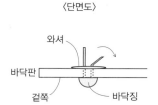

〈단면도〉
와셔
바닥판
겉쪽
바닥징

② 바닥판 구멍에 바닥징을 끼워 넣고 와셔를 끼워서 다리를 접는다

펠트
바닥판 안쪽

③ 다리를 접은 바닥징에 부속 펠트를 덮어서 붙인다

빼뜨기로 무늬를 뜨는 방법

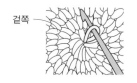

겉쪽

① 실을 중심에서 겉쪽으로 빼낸다. 안쪽의 실끝은 15cm 정도 남긴다.

② 1단과 2단 사이 (기둥코에 붙인다)로 다시 한 번 실을 빼내서 빼뜨기한다

③ 빼뜨기 1코가 완성됐다

※끝부분은 실을 자르고 똑같은 코에서 안쪽으로 빼낸다

④ 똑같은 방법으로 단과 단, 코와 코 사이에 바늘을 넣어 빼뜨기한다

사슬 연결하기

① 끝부분의 코에서 실을 15cm 정도 잘라 돗바늘에 끼우고 똑같은 단의 첫 코머리를 뜬다

② 계속해서 끝부분 코의 뒤쪽 반코를 뜬다

③ 실을 당기면 코가 사슬로 연결된다 실끝을 뜨개바탕 안쪽에 끼워 넣어서 처리한다

27
스타스티치로 만드는 핸드백 〉 42쪽

TYPE : B

실	리본XL [D]
	A : Stone Grey 250g(1볼)
	B : Light Grey 250g(1볼)
	재봉용 실…적당량
바늘	점보 코바늘 6㎜, 8㎜, 9㎜, 돗바늘
게이지	9코×9단=10㎝×10㎝
완성 치수	19㎝×15㎝×5㎝

뜨는 방법

1. 바닥 ①~② : 점보 코바늘 9㎜를 사용해서 A실로 사슬뜨기해서 시작코를 만든다. 1단은 사슬코 반코와 코산을 주워서 가장자리까지 짧은뜨기하고 반대쪽은 남은 반코를 주워서 짧은뜨기한다. 2단은 뜨개 도안대로 콧수를 늘려가며 뜬다.

2. 옆면 ③~⑮ : 바닥에서 이어 떠서 점보 코바늘 9㎜를 사용해 A실로 3단은 짧은뜨기 이랑뜨기, 4~15단은 무늬뜨기한 뒤 실을 잘라 처리한다.

3. 덮개 ①~⑨ : 점보 코바늘 8㎜를 사용해서 B실로 사슬뜨기해서 시작코를 만든다. 1단은 사슬코 안쪽의 코산을 주워서 뜨고, 2~9단은 무늬뜨기(스타스티치)한다. 양끝을 테두리뜨기한 뒤 실을 잘라 처리한다.

4. 손잡이 : 점보 코바늘 6㎜를 사용해서 B실로 새우뜨기 20㎝를 뜬다.

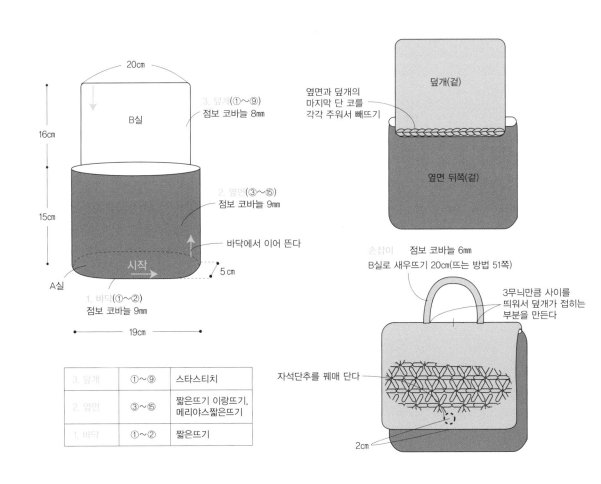

3. 덮개	①~⑨	스타스티치
2. 옆면	③~⑮	짧은뜨기 이랑뜨기, 메리야스짧은뜨기
1. 바닥	①~②	짧은뜨기

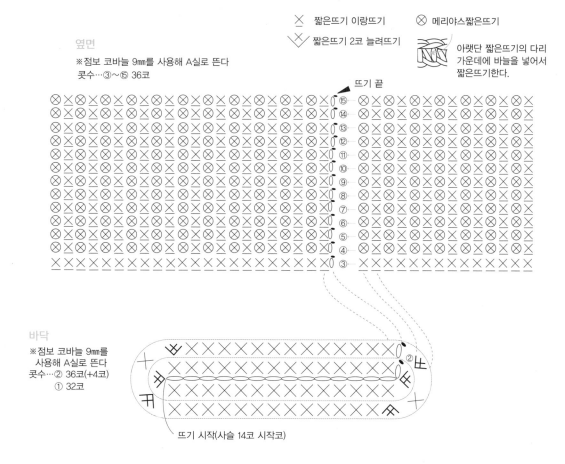

짧은뜨기 이랑뜨기

짧은뜨기 2코 늘려뜨기

메리야스짧은뜨기

아랫단 짧은뜨기의 다리
가운데에 바늘을 넣어서
짧은뜨기한다.

옆면

※점보 코바늘 9mm를 사용해 A실로 뜬다
콧수…③〜⑮ 36코

뜨기 끝

바닥

※점보 코바늘 9mm를
사용해 A실로 뜬다
콧수…② 36코(+4코)
    ① 32코

뜨기 시작(사슬 14코 시작코)

덮개

※점보 코바늘 8mm를 사용해 B실로 뜬다

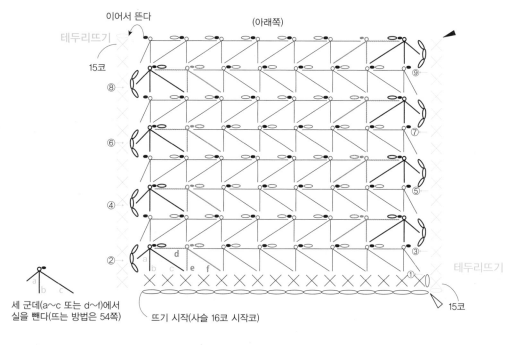

이어서 뜬다

(아래쪽)

테두리뜨기

15코

테두리뜨기

세 군데(a〜c 또는 d〜f)에서
실을 뺀다(뜨는 방법은 54쪽)

뜨기 시작(사슬 16코 시작코)

15코

28
서클백 > 43쪽

> 43쪽

TYPE : A

실	리본XL [D]
	A : Pearl White 250g(1볼)
	B : Lipstick Red 250g(1볼)
	재봉용 실…적당량
바늘	점보 코바늘 6mm, 9mm, 돗바늘
기타	길이 2.5cm 브로치 핀…2개
게이지	8.3코×8.3단=10cm×10cm
완성 치수	지름 20cm×바닥 8cm

뜨는 방법

1. 옆면 ①~⑨ : 점보 코바늘 9mm를 사용해서 A실로 원형뜨기 시작코를 만든다. 뜨개 도안대로 콧수를 늘려가며 뜨고 실을 잘라 처리한다. 실을 중심으로 빼내서 단과 단 사이를 주워 소용돌이 모양으로 빼뜨기하여 무늬를 표현한다.

2. 바닥 ①~③ : 바닥은 B실을 연결한다. 점보 코바늘 9mm를 사용해서 왕복뜨기로 1단은 짧은뜨기 이랑뜨기, 2~3단은 짧은뜨기한 뒤 실을 잘라 처리한다. 1단을 끝에서 끝까지 코를 주워서 빼뜨기로 무늬를 표현한다.

3. 손잡이 : 점보 코바늘 6mm를 사용해서 B실로 새우뜨기 23cm를 뜬다.

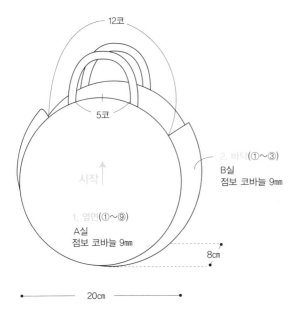

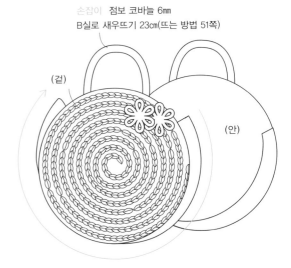

옆면과 바닥을 하나로 연결한 다음 손잡이를 윗부분에 꿰매어 달고 2장을 안쪽끼리 마주 보게 놓고 모든 코를 주워서 빼뜨기해 잇는다.
취향에 따라 꽃을 옆면 앞쪽에 고정한다.

2. 바닥	①~③	짧은뜨기 이랑뜨기, 짧은뜨기
1. 옆면	①~⑨	짧은뜨기

바닥 2장

※점보 코바늘 9㎜를 사용해서 B실로 뜬다
①~③ 42코

뜨기 끝

| | X | 짧은뜨기 이랑뜨기 |
| | ⋎ | 짧은뜨기 2코 늘려뜨기 |

옆면 2장

※점보 코바늘 9㎜를 사용해서 A실로 뜬다

콧수…⑨ 54코(+6코)
⑧ 48코(+6코)
⑦ 42코(+6코)
⑥ 36코(+6코)
⑤ 30코(+6코)
④ 24코(+6코)
③ 18코(+6코)
② 12코(+6코)
① 6코

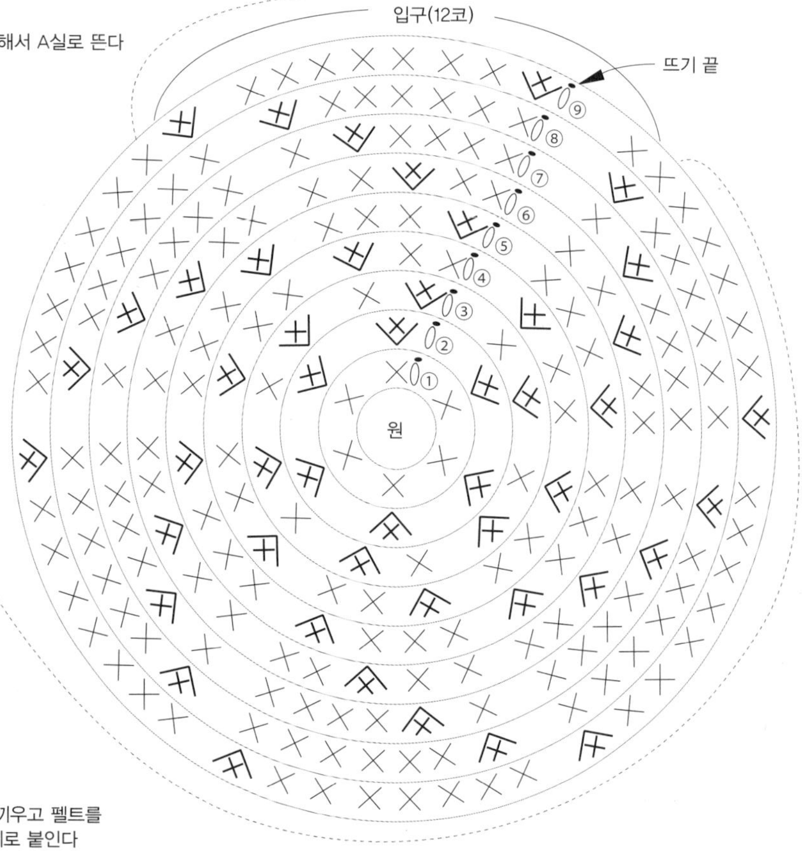

입구(12코)

뜨기 끝

원

꽃 2장

※A, B실로 각 1장씩
점보 코바늘 6㎜로 뜬다

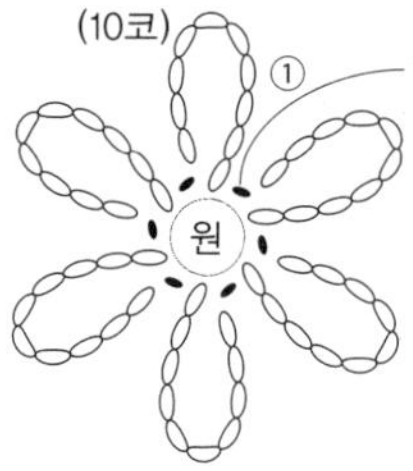

(10코) ①

뜨기 끝

원

핀을 끼우고 펠트를
접착제로 붙인다

(안)

마무리

단과 단 사이를 줍는다

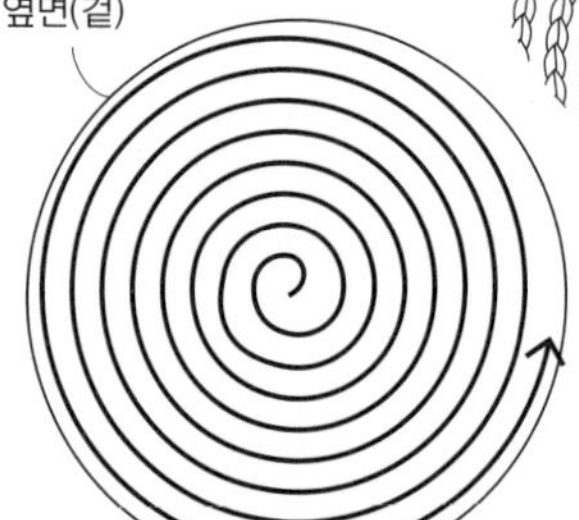

바닥(겉)

옆면(겉)

옆면을 다 뜨면 장식으로
중심에서 각 단 사이를 주워서
소용돌이 모양으로 빼뜨기한다

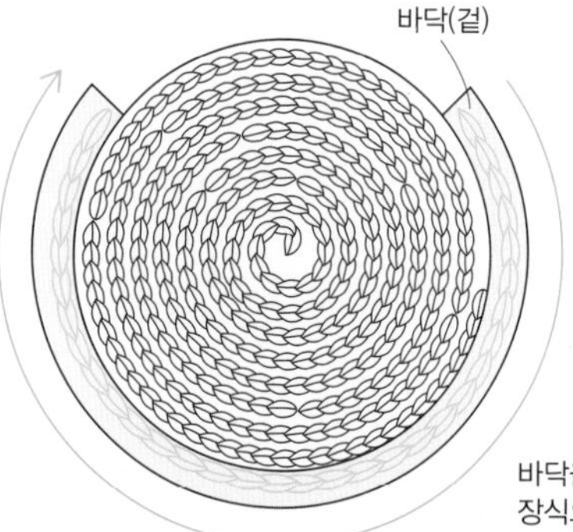

바닥을 다 뜨면
장식으로 바닥 1단을
주워서 빼뜨기한다

29
태피스트리 백 ＞ **44쪽**

TYPE : B

실	리본XL [D]
	A : Emerald Splash 241g(0.9볼)
	B : Riverside Jeans 45g(0.2볼)
	C : Gold Glitter 69g(0.3볼)
	※태슬 분량 포함
기타	길이 3.8cm 걸고리…3개
바늘	코바늘 7.5/0호, 돗바늘
게이지	9코×9단=10cm×10cm
완성 치수	33cm×19cm

뜨는 방법

1. 바닥 ① : A실을 사용해서 사슬뜨기로 시작코를 만든다. 사슬코 반코와 코산을 주워서 가장자리까지 짧은뜨기하고 반대쪽은 남은 반코를 주워서 짧은뜨기한다.

2. 옆면 ②~⑲ : 바닥에서 이어 떠서 2~17단은 A, B, C실로 메리야스 짧은뜨기해서 배색 무늬를 뜬다. 18단은 C실로 메리야스짧은뜨기, 19단은 C실로 빼뜨기한 뒤 실을 잘라 처리한다.

3. 어깨끈 : A실로 사슬코 100cm를 뜨고 걸고리에 끼운 뒤 사슬코 안쪽의 코산을 주워서 빼뜨기한다. 반대쪽도 걸고리에 끼워서 실을 처리한다.

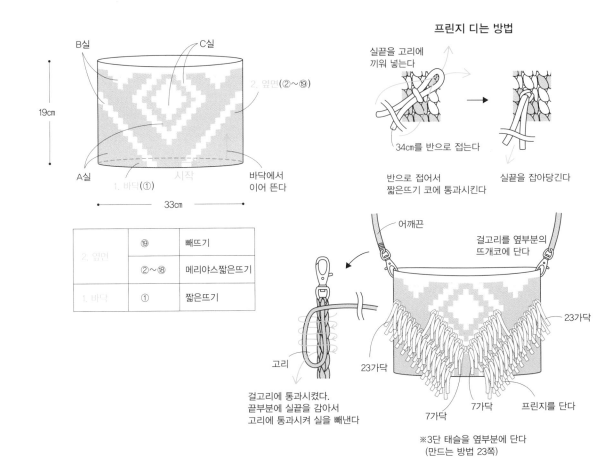

프린지 디는 방법

2. 옆면	⑲	빼뜨기
	②~⑱	메리야스짧은뜨기
1. 바닥	①	짧은뜨기

19cm

33cm

B실 C실 2. 옆면(②~⑲) A실 1. 바닥(①) 시작 바닥에서 이어 뜬다

실끝을 고리에 끼워 넣는다
34cm를 반으로 접는다
반으로 접어서 짧은뜨기 코에 통과시킨다
실끝을 잡아당긴다

어깨끈
걸고리를 옆부분의 뜨개코에 단다
23가닥
23가닥
7가닥
7가닥
프린지를 단다

고리
걸고리에 통과시켰다.
끝부분에 실끝을 감아서
고리에 통과시켜 실을 빼낸다

※3단 태슬을 옆부분에 단다
(만드는 방법 23쪽)

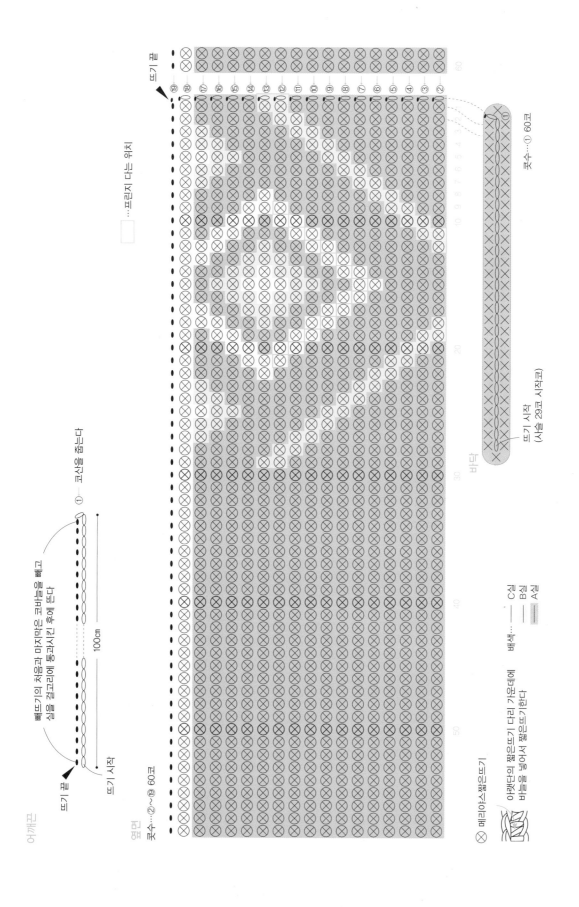

어깨끈

뜨기 끝

빼뜨기의 처음과 마지막은 코바늘을 빼고
실을 걸고리에 통과시킨 후에 뜬다

①─ 코선을 좁는다

100cm

뜨기 시작

옆면
코수…②~⑲ 60코

뜨기 끝

뜨기 끝

…프린지 다는 위치

메리야스짧은뜨기

아랫단의 짧은뜨기 다리 가운데에
바늘을 넣어서 짧은뜨기한다

배색…… ─ C실
─ B실
─ A실

뜨기 시작
(사슬 29코 시작코)

바닥

코수…① 60코

30
레이스무늬 클러치백 > 45쪽

TYPE : B

실	리본XL [D]
	A : Sandy Ecru 235g(0.9볼)
	B : Black Night 85g(0.3볼)
	※태슬 분량 포함
기타	길이 3.2cm 걸고리…3개
바늘	코바늘 7/0호, 돗바늘
게이지	9코×9단=10cm×10cm
완성 치수	33cm×16cm

뜨는 방법

1. 바닥 ① : A실을 사용해서 사슬뜨기로 시작코를 만든다. 사슬코 반코와 코산을 주워서 가장자리까지 짧은뜨기하고 반대쪽은 남은 반코를 주워서 짧은뜨기한다.

2. 옆면 ②~⑯ : 바닥에서 이어 떠서 2~4단은 A실로 메리야스짧은뜨기, 5~14단은 A, B실로 배색 무늬를 뜬다. 15단은 A실로 메리야스짧은뜨기, 16단은 B실로 빼뜨기한 뒤 실을 잘라 처리한다.

3. 어깨끈 : A실로 사슬코 100cm를 뜨고 걸고리에 끼운 뒤 사슬코 안쪽의 코산을 주워서 빼뜨기한다. 반대쪽도 걸고리에 끼워서 실을 처리한다.

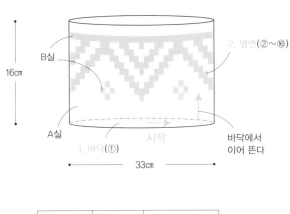

2. 옆면	⑯	빼뜨기
	②~⑮	메리야스짧은뜨기
1. 바닥	①	짧은뜨기

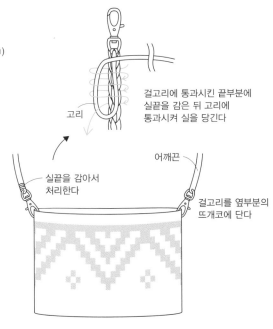

걸고리에 통과시킨 끝부분에 실끝을 감은 뒤 고리에 통과시켜 실을 당긴다

고리

실끝을 감아서 처리한다

어깨끈

걸고리를 옆부분의 뜨개코에 단다

※2색 3단 태슬을 옆부분에 단다
(만드는 방법 23쪽)

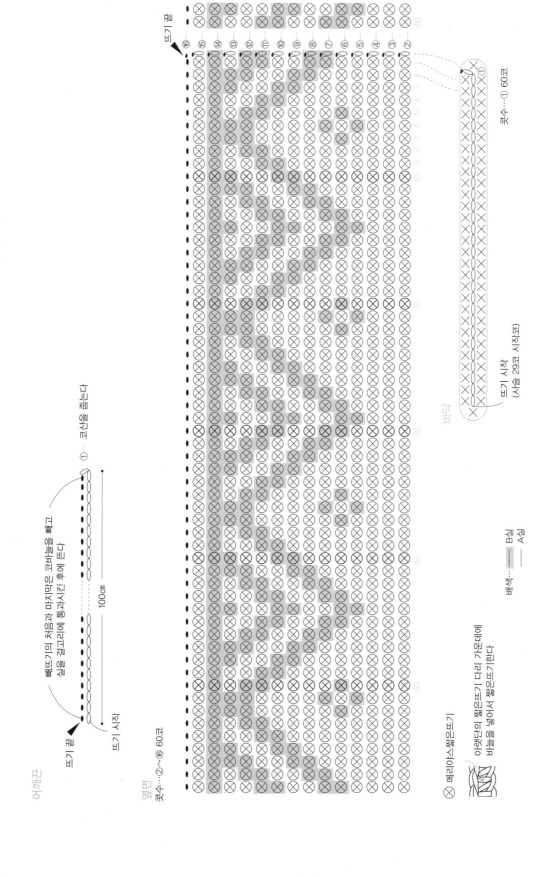

어깨끈

뜨기 끝

빼뜨기의 처음과 마지막은 코바늘을 빼고
실을 걸고리에 통과시킨 후에 뜬다

① 코산을 줍는다

100cm

뜨기 시작

옆면
콧수…②~⑯ 60코

뜨기 끝

뜨기 끝

⑯ ⑮ ⑭ ⑬ ⑫ ⑪ ⑩ ⑨ ⑧ ⑦ ⑥ ⑤ ④ ③ ②

① 60코

콧수…①

뜨기 시작
(사슬 29코 시작코)

바닥

콧수…① 60코

배색…   B실
              A실

 메리야스짧은뜨기

아랫단의 짧은뜨기 다리 가운데에
바늘을 넣어서 짧은뜨기한다

⊗ 메리야스짧은뜨기

101

31
V무늬 클러치 숄더백 > 45쪽

TYPE : B

실	즈파게티 [D]
	Green 641g(0.7볼)
	에코바르반테 [D]
	Almond 27g(0.5볼)
기타	길이 3.2cm 걸고리…2개
	지름 1.5cm 자석단추…1세트
	재봉용 실…적당량
바늘	코바늘 7.5/0호, 돗바늘, 재봉용 바늘
게이지	10코×10단=10cm×10cm
완성 치수	26cm×14cm

뜨는 방법

1. 본체 ①~㉗ : 원형뜨기로 시작코를 만들어서 V자뜨기(뜨는 방법 52쪽)로 왕복뜨기한다. 각 단마다 마지막 코는 아랫단 가장자리 코(1가닥)를 줍고 11~27단의 첫코는 기둥코를 뜨지 않고 1코를 건너뛰어 두 번째 코부터 뜬다.
2. 어깨끈 : 사슬코 100cm를 뜨고 걸고리에 끼운 뒤 사슬코 코산을 주워서 빼뜨기한다. 반대쪽도 걸고리에 끼워서 실을 처리한다.

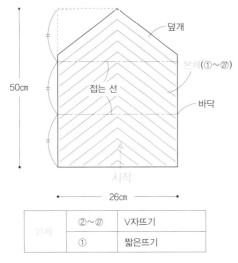

본체	②~㉗	V자뜨기
	①	짧은뜨기

프린지 다는 방법

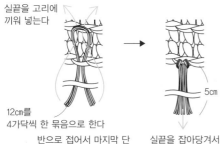

실끝을 고리에 끼워 넣는다

12cm를 4가닥씩 한 묶음으로 한다

반으로 접어서 마지막 단 머리 반코에 통과시킨다

실끝을 잡아당겨서 5cm로 자른다

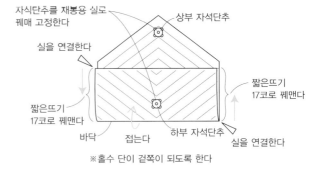

자식단추를 재봉용 실로 꿰매 고정한다

상부 자석단추

실을 연결한다

짧은뜨기 17코로 꿰맨다

짧은뜨기 17코로 꿰맨다

바닥

접는다

하부 자석단추

실을 연결한다

※홀수 단이 겉쪽이 되도록 한다

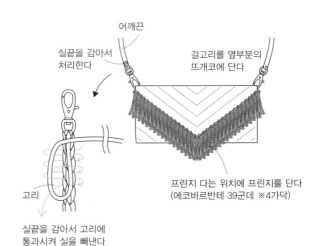

어깨끈

실끝을 감아서 처리한다

걸고리를 옆부분의 뜨개코에 단다

고리

실끝을 감아서 고리에 통과시켜 실을 빼낸다

프린지 다는 위치에 프린지를 단다 (에코바르반테 39군데 ※4가닥)

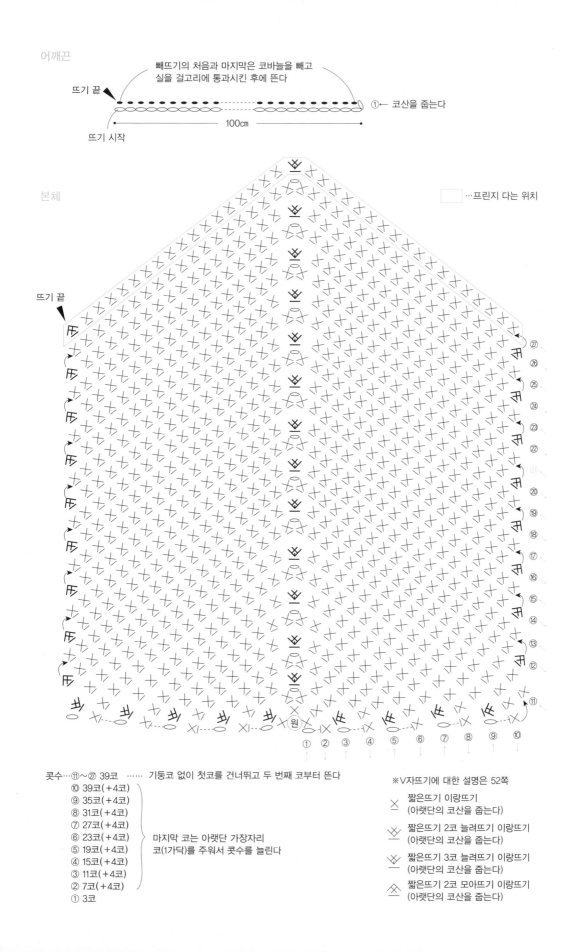

어깨끈

빼뜨기의 처음과 마지막은 코바늘을 빼고
실을 걸고리에 통과시킨 후에 뜬다

뜨기 끝

① ← 코산을 줍는다

뜨기 시작

100cm

본체

□ …프린지 다는 위치

뜨기 끝

㉗
㉖
㉕
㉔
㉓
㉒
㉑
⑳
⑲
⑱
⑰
⑯
⑮
⑭
⑬
⑫
⑪

원

① ② ③ ④ ⑤ ⑥ ⑦ ⑧ ⑨ ⑩

콧수…⑪~㉗ 39코 …… 기둥코 없이 첫코를 건너뛰고 두 번째 코부터 뜬다
⑩ 39코(+4코)
⑨ 35코(+4코)
⑧ 31코(+4코)
⑦ 27코(+4코)
⑥ 23코(+4코)
⑤ 19코(+4코)
④ 15코(+4코)
③ 11코(+4코)
② 7코(+4코)
① 3코

마지막 코는 아랫단 가장자리
코(1가닥)를 주워서 콧수를 늘린다

※V자뜨기에 대한 설명은 52쪽

✕ 짧은뜨기 이랑뜨기
(아랫단의 코산을 줍는다)

Ѡ 짧은뜨기 2코 늘려뜨기 이랑뜨기
(아랫단의 코산을 줍는다)

Ѡ 짧은뜨기 3코 늘려뜨기 이랑뜨기
(아랫단의 코산을 줍는다)

ᐱ 짧은뜨기 2코 모아뜨기 이랑뜨기
(아랫단의 코산을 줍는다)

34, 35
팝콘 도트 프릴 백 > 48쪽

TYPE : B

실　　〈세로 프릴〉
　　　A : 리본XL [D]
　　　Light Grey 250g(1볼)
　　　B : 에코바르반테 [D]
　　　Provence 50g(1볼)
　　　〈가로 프릴〉
　　　A : 리본XL [D]
　　　Frosted Yellow 250g(1볼)
　　　B : 에코바르반테 [D]
　　　Popcorn 50g(1볼)
바늘　코바늘 8/0호, 10/0호, 돗바늘
게이지　(무늬뜨기) 2.5코×4.5단=10cm×10cm
완성 치수　23cm×23.5cm

뜨는 방법
〈공통〉
1. 바닥 ① : A실을 사용해서 사슬뜨기로 시작코를 만든다. 사슬코 반코와 코산을 주워서 가장자리까지 한길긴뜨기하고 반대쪽은 남은 반코를 주워서 한길긴뜨기한다.
2. 옆면 ②~⑪ : 바닥에서 이어 뜨고 A실로 무늬뜨기한다(프릴을 떠서 붙이는 부분은 한길긴뜨기와 사슬뜨기로 뜬다. 프릴은 B실로 옆면 뜨개코를 주워 뜬다).
3. 손잡이 : 옆면에서 이어서 A실로 사슬 40코를 뜨고 반대쪽의 옆부분으로 뺀다. 사슬코 반코를 주워서 빼뜨기하고 실을 잘라 처리한다.

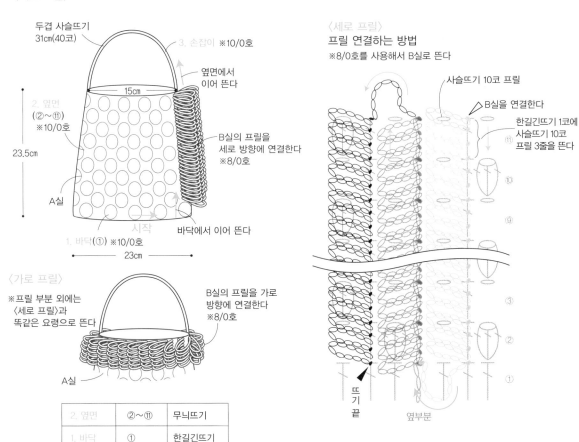

〈세로 프릴〉

두겹 사슬뜨기
31cm(40코)

3. 손잡이 ※10/0호

옆면에서
이어 뜬다

15cm

2. 옆면
(②~⑪)
※10/0호

23.5cm

B실의 프릴을
세로 방향에 연결한다
※8/0호

A실

시작

바닥에서 이어 뜬다

1. 바닥(①) ※10/0호

23cm

〈가로 프릴〉

※프릴 부분 외에는
〈세로 프릴〉과
똑같은 요령으로 뜬다

B실의 프릴을 가로
방향에 연결한다
※8/0호

A실

〈세로 프릴〉
프릴 연결하는 방법
※8/0호를 사용해서 B실로 뜬다

사슬뜨기 10코 프릴

B실을 연결한다

한길긴뜨기 1코에
사슬뜨기 10코
프릴 3줄을 뜬다

⑪

⑩

⑨

③

②

①

뜨기 끝

옆부분

2. 옆면	②~⑪	무늬뜨기
1. 바닥	①	한길긴뜨기

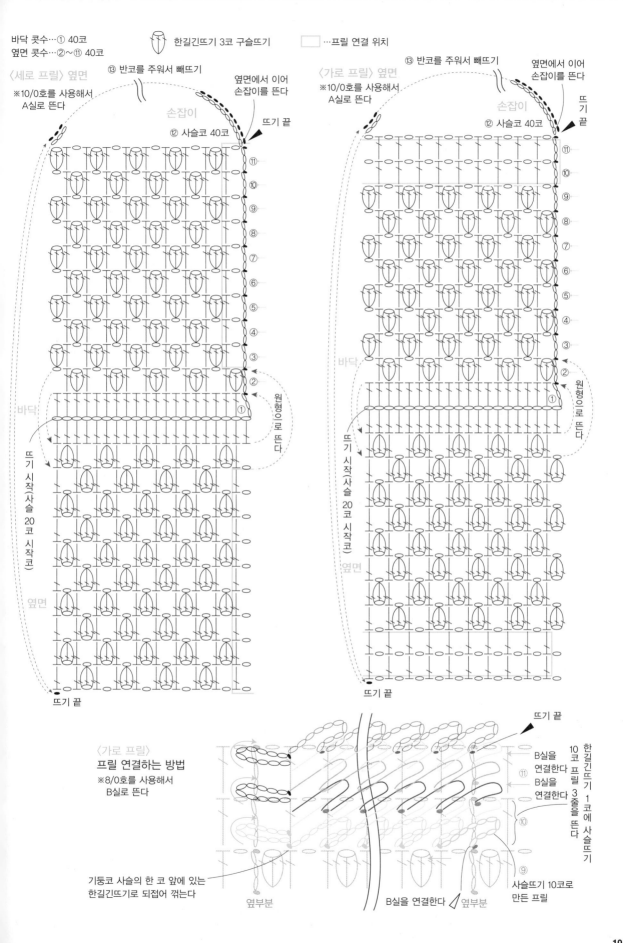

바닥 콧수…① 40코
옆면 콧수…②~⑪ 40코

한길긴뜨기 3코 구슬뜨기

⬜ …프릴 연결 위치

⑬ 반코를 주워서 빼뜨기

〈세로 프릴〉 옆면

※10/0호를 사용해서
A실로 뜬다

옆면에서 이어
손잡이를 뜬다

손잡이

뜨기 끝

⑫ 사슬코 40코

⑪
⑩
⑨
⑧
⑦
⑥
⑤
④
③
②
①

원형으로 뜬다

바닥

뜨기
시작(사슬
20
코
시작
코)

옆면

뜨기 끝

⑬ 반코를 주워서 빼뜨기

〈가로 프릴〉 옆면

※10/0호를 사용해서
A실로 뜬다

옆면에서 이어
손잡이를 뜬다

손잡이

뜨기 끝

⑫ 사슬코 40코

⑪
⑩
⑨
⑧
⑦
⑥
⑤
④
③
②
①

원형으로 뜬다

바닥

뜨기
시작(사슬
20
코
시작코)

옆면

뜨기 끝

〈가로 프릴〉
프릴 연결하는 방법

※8/0호를 사용해서
B실로 뜬다

뜨기 끝

B실을
연결한다

B실을
연결한다

⑪

⑩

한길긴뜨기
10
코
프릴
3줄을
뜬다

한길긴뜨기
1
코에
사슬뜨기

기둥코 사슬의 한 코 앞에 있는
한길긴뜨기로 되접어 꺾는다

옆부분

B실을 연결한다

옆부분

⑨

사슬뜨기 10코로
만든 프릴

36 파인애플무늬 미니백
37 파인애플무늬 프린지 백 > 49쪽

TYPE : B

실	리본XL [D]	뜨는 방법	

실　리본XL [D]
　　〈토트백〉
　　Gold Glitter 250g(1볼)
　　〈숄더백〉
　　Black Sparkle 250g(1볼)
바늘　코바늘 10/0호, 돗바늘
게이지　(한길긴뜨기) 7코×3.7단=10cm×10cm
완성 치수　〈토트백〉24cm×22cm /
　　　　　　〈숄더백〉23cm×23cm

뜨는 방법
〈토트백〉
1. 바닥 ① : 사슬뜨기로 시작코를 만든다. 사슬코 반코와 코산을 주워서 가장자리까지 한길긴뜨기하고 반대쪽은 남은 반코를 주워서 한길긴뜨기한다.
2 옆면 ②~⑩ : 바닥에서 이어 떠서 무늬뜨기한다.
3 손잡이 ⑪~⑫ : 옆면에서 이어 떠서 빼뜨기→사슬뜨기로 손잡이를 만들고 마지막 단은 빼뜨기한 뒤 실을 잘라 처리한다.

〈숄더백〉
1 바닥 ① : 〈토트백〉과 똑같은 요령으로 짧은뜨기한다.
2 옆면 ②~⑩ : 〈토트백〉과 똑같이 뜨고 바닥에 프린지를 단다.
3 손잡이 : 옆면에서 이어 떠서 사슬뜨기 90코를 뜬 뒤 실을 잘라 처리한다.

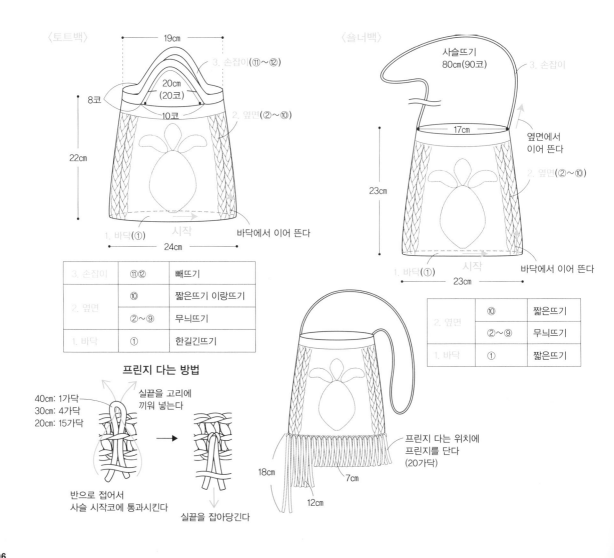

3. 손잡이	⑪⑫	빼뜨기
2. 옆면	⑩	짧은뜨기 이랑뜨기
	②~⑨	무늬뜨기
1. 바닥	①	한길긴뜨기

프린지 다는 방법

40cm: 1가닥
30cm: 4가닥
20cm: 15가닥

실끝을 고리에 끼워 넣는다

반으로 접어서 사슬 시작코에 통과시킨다

실끝을 잡아당긴다

프린지 다는 위치에 프린지를 단다 (20가닥)

2. 옆면	⑩	짧은뜨기
	②~⑨	무늬뜨기
1. 바닥	①	짧은뜨기

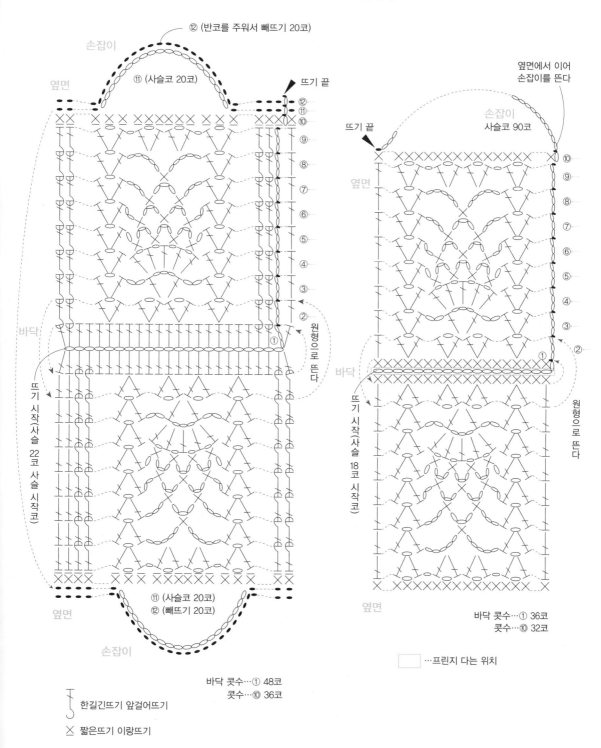

〈토트백〉

⑫ (반코를 주워서 빼뜨기 20코)

손잡이

⑪ (사슬코 20코)

옆면

뜨기 끝

⑫
⑪
⑩
⑨
⑧
⑦
⑥
⑤
④
③
②

①

바닥

원형으로 뜨다

뜨기 시작(사슬 22코 사슬 시작코)

⑪ (사슬코 20코)

⑫ (빼뜨기 20코)

옆면

손잡이

바닥 콧수…① 48코
콧수…⑩ 36코

한길긴뜨기 앞걸어뜨기

짧은뜨기 이랑뜨기

〈숄더백〉

옆면에서 이어
손잡이를 뜬다

손잡이
사슬코 90코

뜨기 끝

⑩
⑨
⑧
⑦
⑥
⑤
④
③

②

①

바닥

뜨기 시작(사슬 18코 시작코)

원형으로 뜨다

옆면

바닥 콧수…① 36코
콧수…⑩ 32코

…프린지 다는 위치

32 마크라메 장식 백
33 마크라메 장식 스마트폰 케이스 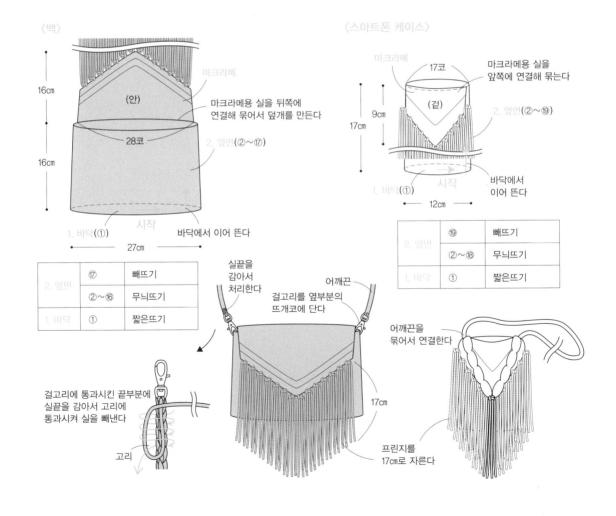> 46쪽

TYPE : B

실	〈백〉
	리본XL [D]
	Earth Taupe 416g(1.7볼)
	〈스마트폰 케이스〉
	리본XL [D]
	Sandy Ecru 178g(0.7볼)
기타	길이 3.2cm 걸고리…2개
	길이 7.2cm 조개장식…1개
	길이 2.5cm 브로치 핀…1개
바늘	코바늘 7/0호, 돗바늘
게이지	9코×9단=10cm×10cm
완성 치수	〈백〉 27cm×16cm /
	〈스마트폰 케이스〉 12cm×17cm

뜨는 방법

〈공통〉

1. 바닥 ① : 사슬뜨기로 시작코를 만든다. 사슬코 반코와 코산을 주워서 가장자리까지 짧은뜨기하고 반대쪽은 남은 반코를 주워서 짧은뜨기한다.

2. 옆면(백 ②~⑰)
스마트폰 케이스 ②~⑲) : 바닥에서 이어 떠서 무늬뜨기한다. 실을 잘라서 처리한다.

3. 마크라메 : 백은 옆면 뒤쪽, 스마트폰 케이스는 앞쪽 마지막 단 코에 실을 연결해서 그림처럼 마크라메로 만든다. 백은 조개장식을 브로치 핀에 접착제로 붙여서 고정한다.

〈백〉

16cm

(안)

16cm

28코

마크라메
마크라메용 실을 뒤쪽에
연결해 묶어서 덮개를 만든다

2. 옆면(②~⑰)

1. 바닥(①)

시작

바닥에서 이어 뜬다

27cm

2. 옆면	⑰	빼뜨기
	②~⑯	무늬뜨기
1. 바닥	①	짧은뜨기

실끝을 감아서 처리한다

어깨끈

걸고리를 옆부분의 뜨개코에 단다

걸고리에 통과시킨 끝부분에
실끝을 감아서 고리에
통과시켜 실을 빼낸다

고리

〈스마트폰 케이스〉

마크라메

17코

마크라메용 실을
앞쪽에 연결해 묶는다

(겉)

9cm

2. 옆면(②~⑲)

17cm

1. 바닥(①)

시작

바닥에서
이어 뜬다

12cm

2. 옆면	⑲	빼뜨기
	②~⑱	무늬뜨기
1. 바닥	①	짧은뜨기

어깨끈을
묶어서 연결한다

17cm

프린지를
17cm로 자른다

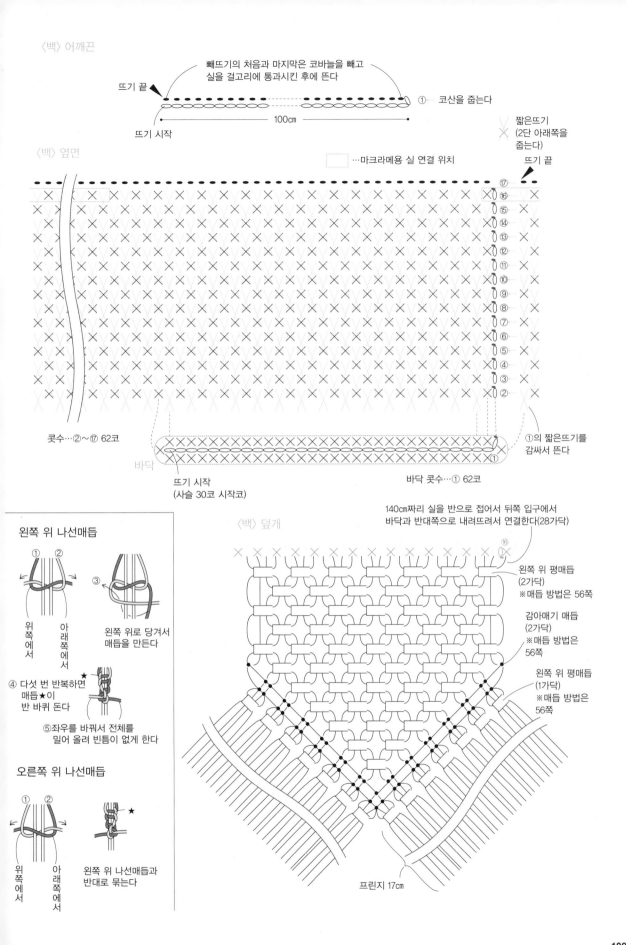

〈백〉어깨끈

빼뜨기의 처음과 마지막은 코바늘을 빼고
실을 걸고리에 통과시킨 후에 뜬다

뜨기 끝

① 코산을 줍는다

뜨기 시작

100cm

짧은뜨기
(2단 아래쪽을
줍는다)

〈백〉옆면

□···마크라메용 실 연결 위치

뜨기 끝

⑰

⑯
⑮
⑭
⑬
⑫
⑪
⑩
⑨
⑧
⑦
⑥
⑤
④
③
②

콧수···②~⑰ 62코

바닥

①의 짧은뜨기를
감싸서 뜬다

뜨기 시작
(사슬 30코 시작코)

바닥 콧수···① 62코

왼쪽 위 나선매듭

① ②

위
쪽
에
서

아
래
쪽
에
서

③

왼쪽 위로 당겨서
매듭을 만든다

④ 다섯 번 반복하면
매듭★이
반 바퀴 돈다

⑤좌우를 바꿔서 전체를
밀어 올려 빈틈이 없게 한다

오른쪽 위 나선매듭

① ②

위
쪽
에
서

아
래
쪽
에
서

왼쪽 위 나선매듭과
반대로 묶는다

〈백〉덮개

140cm짜리 실을 반으로 접어서 뒤쪽 입구에서
바닥과 반대쪽으로 내려뜨려서 연결한다(28가닥)

⑯

왼쪽 위 평매듭
(2가닥)
※매듭 방법은
56쪽

감아매기 매듭
(2가닥)
※매듭 방법은
56쪽

왼쪽 위 평매듭
(1가닥)
※매듭 방법은
56쪽

프린지 17cm

109

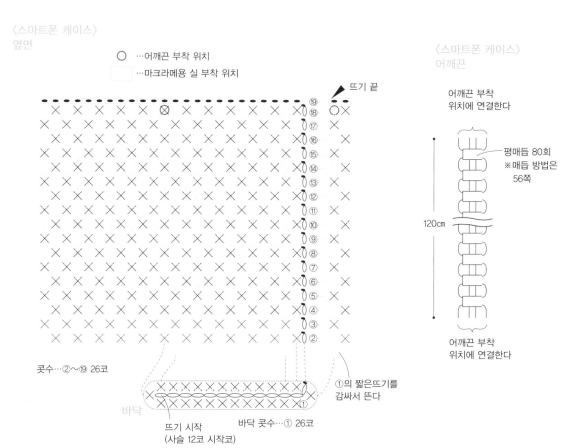

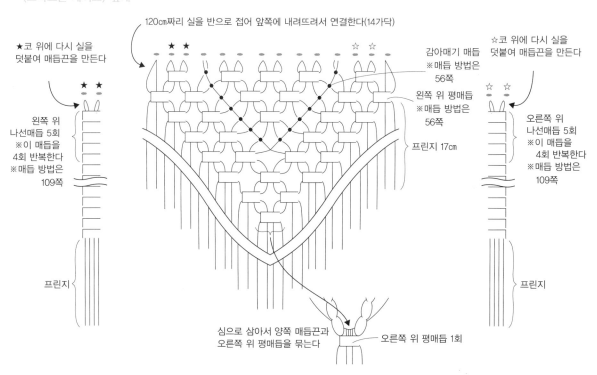

코바늘뜨기의 기초

바늘과 실을 잡는 방법

(오른손)

엄지손가락과 집게손가락으로 잡는다

(왼손)

실을 새끼손가락과
약손가락 사이에
끼우고 실끝을
집게손가락에 건다

실을 엄지손가락과
가운뎃손가락으로
잡고 집게손가락을
세워서 실을 편다

사슬코의 명칭

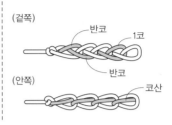

(겉쪽)

반코　1코
반코

(안쪽)

코산

사슬뜨기로 만드는 시작코

① 실을 바늘에 건다

② 다시 한 번 실을
걸어서 빼낸다

왼손으로 누른다

실끝을 꽉 조인다

③ 첫코를 만든다
※이 코는 콧수에
포함하지 않는다

④ 실을 건다

⑤ 실을 빼서
사슬 1코를 뜬다

필요한 콧수를 뜬다

첫코

원형뜨기로 만드는 시작코 (원)

실끝

① 왼손 집게손가락에
가볍게 두 번 감는다

실끝

② 실을 바늘에
걸어서 빼낸다

③ 실을 걸어서 꽉
조이며 빼다
※이 코는 세지 않는다

④ 기둥코 사슬 1코를
뜬다

⑤ 실 2가닥에 필요한
콧수를 넣어 뜬다

❶ 바깥쪽 실이
꽉 조여질
때까지 안쪽
실을 당긴다

❷ 실끝을 당긴다

⑥ 원을 꽉 조인다

⑦ 첫코의 머리 2가닥에
바늘을 넣어서 빼면
1단 완성

사슬뜨기로 원형 만들기 (6코)

① 사슬 시작코의 첫코의
반코와 코산에 바늘을
넣어서 실을 뺀다

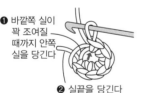

② 사슬 원형 완성.
실을 걸어서 빼고
기둥코 사슬 1코를
뜬다

③ 바늘을 원 속에 넣어서
필요한 콧수를 뜬다
※실끝은 감싸서 뜬다

④ 첫코의 머리 2가닥에
바늘을 넣어서
빼면 1단 완성

각 단마다 시작 부분은 뜨개코의 높이만큼 사슬뜨기를 합니다. 이것을 기둥코라고 하며,
뜨개코의 종류에 따라 사슬뜨기 콧수가 달라집니다. (기둥코 사슬을 뜨지 않는 경우도 있습니다)

짧은뜨기

첫코

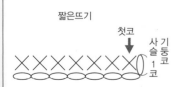

사슬 기둥코 1코

긴뜨기

첫코

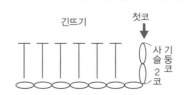

사슬 기둥코 2코

한길긴뜨기

첫코

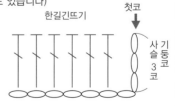

사슬 기둥코 3코

※짧은뜨기의 경우 기둥코는 콧수로 세지 않습니다. 그 외에는 기둥코를 뜨개코의 첫코로 셉니다.

■ 기본 뜨개 방법

 짧은뜨기 -

기둥코
사슬 1코
※콧수로
세지 않는다

① 바늘을 넣는다

② 실을 걸어서 빼낸다

③ 다시 한 번 실을 걸어서 빼낸다

④ ①~③을 반복한다

 **긴뜨기** -

기둥코
사슬 2코

코의 길이가 사슬 2코 분량이 되도록 빼낸다

① 실을 걸어서 바늘을 넣는다

② 다시 실을 걸어서 빼낸다

③ 다시 실을 걸어서 뺀다

④ ①~③을 반복한다

 **한길긴뜨기** -

기둥코
사슬 3코

코의 길이가 사슬 2코 분량이 되도록 빼낸다

① 실을 걸어서 바늘을 넣는다

② 다시 실을 걸어서 빼낸다

③ 다시 실을 걸어서 빼낸다

④ 다시 한 번 실을 걸어서 뺀다

⑤ ①~④를 반복한다

 **두길긴뜨기** -

두 번
감는다

기둥코
사슬 4코

바늘에 실을 두 번 감아서
고리를 두 개씩 세 번 뺀다

● 빼뜨기

바늘을 넣고 실을 걸어서 뺀다

뜨개코마다 다른 '미완성 코'에 주의
마지막으로 실을 빼내기 전의 상태를 말합니다

미완성 짧은뜨기 | 미완성 긴뜨기 | 미완성 한길긴뜨기

■코 늘리기(늘림코)

짧은뜨기 2코 늘려뜨기

(짧은뜨기 3코 늘려뜨기)도 똑같은 요령으로 뜬다

① 짧은뜨기 1코를 뜨고
똑같은 코에 바늘을 넣는다

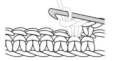
② 똑같은 코에 짧은뜨기 2코를
넣어 뜬 상태

늘려뜨기할 때는 '감싸듯이 한 번에 주워서 뜨는' 경우에 주의

다리가 붙어 있는 경우
(나눠서 뜬다)

다리가 떨어져 있는 경우
(묶음으로 뜬다)

아랫단의 1코를 주워서 뜬다

아랫단의 사슬 전체를 주워서 뜬다

긴뜨기 2코 늘려뜨기
2코 이상 늘릴 경우에도 똑같은 요령으로 뜬다

① 긴뜨기 1코를 뜬다

② 똑같은 코에 긴뜨기 1코를 뜬다

한길긴뜨기 2코 늘려뜨기
2코 이상 늘릴 경우에도 똑같은 요령으로 뜬다

① 한길긴뜨기 1코를 뜨고 실을 바늘에 걸어서
똑같은 코에 바늘을 넣는다

② 실을 빼내고 한길긴뜨기 1코를 뜬다

■코 줄이기(줄임코)

짧은뜨기 2코 모아뜨기
2코 이상 줄일 경우에도 똑같은 요령으로 뜬다

실을 걸어서 빼내고 (미완성 짧은뜨기)
다음 코에서도 실을 빼내서
(미완성 짧은뜨기) 한 번에 뺀다

긴뜨기 2코 모아뜨기
2코 이상 줄일 경우에도 똑같은 요령으로 뜬다

① 실을 바늘에 걸고
'미완성 긴뜨기'를 뜬다

첫 번째 코
② 첫 번째 코의 고리가
짧아지지 않도록 해서
'미완성 긴뜨기'를 뜬다

두 번째 코
③ 첫 번째 코와 두 번째 코의 길이를 맞춰서
실을 바늘에 걸고 모든 고리를 한 번에 뺀다

한길긴뜨기 2코 모아뜨기   2코 이상 줄일 경우에도 똑같은 요령으로 뜬다

① 실을 바늘에 걸고
바늘을 넣어서 빼낸다

② 실을 바늘에 걸고
'미완성 한길긴뜨기'를 뜬다

③ 실을 바늘에 걸고
①과 마찬가지로 실을 빼낸다

④ 첫 번째 코와 길이를 맞춰서
'미완성 한길긴뜨기'를 뜬다

⑤ 실을 바늘에 걸고
모든 고리를 한 번에 뺀다

■ 기타 뜨개 방법

 짧은뜨기 이랑뜨기 ----------------

① 뒤쪽 반코를 줍는다

② 실을 걸어서 빼낸다

③ 다시 한 번 실을 걸어서 뺀다

한길긴뜨기 이랑뜨기 ----------------

① 실을 바늘에 걸고 아랫단의
뒤쪽 반코만 줍는다

② 실을 바늘에 걸고 빼내서 한길긴뜨기를 뜬다

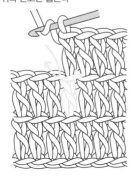

※ 평면뜨기의 경우.
각 단마다 겉쪽에 줄이 생기도록
아랫단의 사슬 반코를 주워서 뜬다.

실을 바꾸는 방법

겉쪽(편물의 왼쪽 가장자리)에서 바꾸는 방법

원래 실은 앞에서 뒤로 건다

다음 실

아랫단의 마지막 실을 뺄 때
다음 실로 바꿔서 뺀다

안쪽(편물의 오른쪽 가장자리)에서
바꾸는 방법

원래 실은 뒤에서 앞으로 건다

다음 실

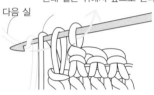

아랫단의 마지막 실을 뺄 때
다음 실로 바꿔서 뺀다

원형뜨기의 경우

다음 실

실을 바꾸기 전의 코에서 마지막 실을 뺄 때
다음 실을 걸어서 뺀다

단 끝부분에서 실타래째로
통과시켜서 쉬게 한다

① 다음 단의 실을
연결한다

③ 쉬게 한 실을 건다

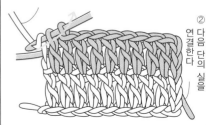

② 다음 단의 실을 연결한다

114

한길긴뜨기 앞걸어뜨기

① 실을 바늘에 걸고
아랫단 코의 다리를
화살표처럼 겉쪽에서 줍는다

② 실을 바늘에 걸고 아랫단 코와
이웃하는 코가 당기지 않도록
실을 길게 빼낸다

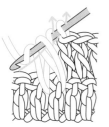

③ 한길긴뜨기와 똑같은 요령으로 뜬다

한길긴뜨기 3코 구슬뜨기

① 똑같은 코에 한길긴뜨기
3코를 넣어 뜬다

② 바늘을 코(★)에서 뺀 뒤 첫 번째 코의 한길긴뜨기에 넣어서(왼쪽)
쉽게 한 코에 다시 한 번 바늘을 통과시켜 빼낸다(오른쪽)

③ 사슬 1코를 뜨면 완성

◆ 감침질(코의 머리)

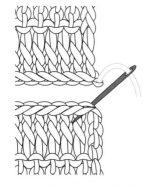 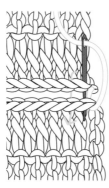 

① 편물 겉쪽을 위로 오게 해서
맞대고 가장자리의 코를
돗바늘로 줍는다

② 안쪽의 모든 코를
번갈아가며 줍는다

◆ 감침질(반코)

바깥쪽의 반코끼리
번갈아가며 뜬다

◆ 빼뜨기 잇기

① 편물을 겉쪽끼리
마주 보게 놓고 바늘을
가장자리 코에 넣어서
실을 빼낸다

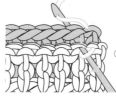

② 양쪽에서 한 코씩 주워
함께 빼뜨기한다

작품 제작

[노세 마유미]
공방 겸 갤러리 NOMA를 주관하며 전시회, 인터넷 쇼핑몰, 출장 레슨
등의 영역에서 폭넓게 활약하고 있다.
http://www.eonet.ne.jp/~abeam/

[다케우치 쇼코]
인스타그램(@isozakiyoshiko)을 중심으로 활동하며 귀엽고 실용적인
작품 만들기를 모토로 삼고 있다.
https://www.instagram.com/isozakiyoshiko/

[오카자키 슈코]
직접 만드는 잡화로 패션을 즐길 수 있는 작품 만들기에 힘쓰고 있다.
https://www.instagram.com/pineapplebeachbunny/

[지바 다카에]
인스타그램(@kinomi716)에서 활동하며 즈파게티를 주로 사용해서
만든 가방을 제작, 판매하고 있다.
https://www.instagram.com/kinomi716/

[호시노 마미]
가방과 스누드 등 패션잡화 디자인에 뛰어나며 뜨개 키트가 인기 있다.
https://www.instagram.com/nennekochan/

[marshell(가이 나오코)]
책에 수록된 디자인을 제작하는 일 외에 인터넷 쇼핑몰과 잡화점 등
에서 작품을 판매하고 있다.
https://marshell705.com/

○부자재 제공
• 니혼추코무역 주식회사
  우 541-0058 일본 오사카시 주오구 미나미큐호지마치 1-9-7
  TEL 06-6271-7087 / https://www.nippon-chuko.co.jp/shop/

• 선 올리브 주식회사
  우 103-0002 일본 도쿄도 주오구 니혼바시 바쿠로초 2-2-16
  TEL 03 (5652) 3761 / FAX 03 (5652) 3760 / MAIL info@sunolive.co.jp

• 우에무라 주식회사 INAZUMA
  우 602-8246 일본 교토부 교토시 가미교구 가미초자마치도오리 구로몬히가시이루스기
  모토초 459
  TEL 075-415-1001 / http://www.inazuma.biz/

• 하마나카 주식회사
  우 616-8585 일본 교토부 교토시 우쿄구 하나조노야부노시타초 2-3
  TEL 075-463-5151 / http://www.hamanaka.co.jp/

• 후지큐 주식회사
  우 465-8511 일본 아이치현 나고야시 메이토구 다카야시로 1-210
  TEL 052-776-8005 / https://www.fujikyu-corp.co.jp/

○실, 도구 제공
• DMC 주식회사
  TEL 03 (5296) 7831 / https://www.dmc.com

○기타 부자재(코드 스토퍼) 제공
• decoracja
  https://www.instagram.com/decoracja/

○의상 협찬
• H Product Daily Wear Inc.
  TEL 03-6427-8867
  (OUVERT) 9, 10, 41, 44쪽 원피스, 12쪽 블라우스, 29, 42,
  45, 46, 47쪽 원피스
  (Hands of creation) 20, 21, 26, 27쪽 블라우스

• pot and tea
  http://potandtea.net
  12쪽 바지, 30, 32, 49쪽 블라우스

○소품 협찬
AWABEES / TITLES / UTUWA

쉽게 따라 하는 코바늘 손뜨개 레슨
패브릭얀으로 만드는 **37가지 가방**

초판 1쇄 인쇄   2021년 1월 10일
초판 1쇄 발행   2021년 1월 15일

지은이   X-Knowledge
옮긴이   김한나
감 수   정혜진
펴낸이   임현석

펴낸곳   지금이책
주소   경기도 고양시 일산서구 킨텍스로 410
전화   070-8229-3755
팩스   0303-3130-3753
이메일   now_book@naver.com
블로그   blog.naver.com/now_book
등록   제2015-000174호

ISBN   979-11-88554-45-4 (13590)

이 도서의 국립중앙도서관 출판예정도서목록(CIP)은 서지정보유통지원시스템 홈페이지
(http://seoji.nl.go.kr)와 국가자료종합목록 구축시스템(http://kolis-net.nl.go.kr)에서
이용하실 수 있습니다. (CIP제어번호 : CIP2020050877)